U0322807

书

识茶 鉴茶 饮茶

shicha
jiancha
yincha

张承毅 编著

于亚范 摄

吉林文史出版社

图书在版编目 (CIP) 数据

　口袋书 : 识茶　鉴茶　饮茶 / 张承毅编著 ; 于亚
范摄 . — 长春 : 吉林文史出版社 , 2023.10
　ISBN 978-7-5472-9712-4

　Ⅰ . ①口… Ⅱ . ①张… ②于… Ⅲ . ①茶文化–中国
Ⅳ . ① TS971.21

　中国国家版本馆 CIP 数据核字 (2023) 第 173719 号

KOUDAI SHU: SHICHA JIANCHA YINCHA
口袋书 :　识茶　　鉴茶　　饮茶

出 版 人 /	张　强	
编　　著 /	张承毅	
摄　　影 /	于亚范	
责任编辑 /	任明雪　　张焱乔	
封面设计 /	杨兆冰	
出版发行 /	吉林文史出版社	
邮购电话 /	0431-81629359 81629374	
印　　刷 /	吉林省科普印刷有限公司	
开　　本 /	70mm×100mm 1/64	
字　　数 /	60千字	
印　　张 /	3	
版　　次 /	2023年10月第1版2023年10月第1次印刷	
书　　号 /	ISBN 978-7-5472-9712-4	
定　　价 /	18.80元	

前　言

　　茶为国饮。茶叶起源于中国，兴于唐代，盛于宋代，发展于明清，经历了漫长的岁月沉淀，茶叶成了我们生活中不可缺少的一部分，并慢慢形成了独有的茶文化。如今，茶叶与咖啡和可可并称为世界三大饮品，茶文化已经走出国门，得到世界人民的认可，泡茶、饮茶已经深受各国人民的喜爱。

　　随着茶文化的发展，茶不再只是用来解渴的，人们还把它作为情感交流和享受生活的方式。我们应学会识茶、鉴茶和饮茶，在感悟茶的内涵的同时，感悟人生，陶冶情操，让饮茶成为一种享受，在品茶中品出人生滋味。

　　我们要了解茶，首先便要从识茶着手。识茶的目的是更深入地了解茶文化，包括茶的来源、种类、等级、口感、功效、保存方法以及相应的品饮习俗。对茶有所了解很重要，我国有七大茶类（红茶、黄茶、绿茶、青茶、白茶、黑茶、花茶），上千种茶叶品种。通过学习茶叶知识，我们可以从类别上分清不同茶叶的品相、味道等，再从茶的产地、加工的工艺等，辨别其品质、口感、功效中的各种差异。茶叶在命名上一般都冠有产地名称，如洞庭碧螺春、安溪铁观音等，只有了解了这些，我们才能更好地对每种茶叶采取适宜的冲泡方式，让各种茶都能散发出其最美妙的味道，之后，我们还要从茶香、外形、汤色、口味和叶底等方面，来鉴别茶叶的品质。

　　了解了茶的特点之后，我们可以根据个人喜好，挑选出适合自己的茶叶，并且可以从茶叶的外形、香气等方面，鉴别出茶叶的优劣。在招待客人前，因为对每种茶叶的味道、功效都有了解，所以也可以及时根据客人的需求，为其选择出适合的茶叶种类。

泡茶是茶文化发展过程中的一座里程碑。最开始人们以茶为食、以茶为药，再到后来为获得更多的汤汁，发展成冲泡茶叶，其中经历了无数的探索和实践。因为泡茶的需要，带动了茶具、茶道和茶艺的发展。

泡茶讲究茶叶的选取，泡茶器具的选择，水的品质的选择，水温的把控，冲泡方法等。正所谓"好水好器配好茶"，恰当的水温和合理的茶艺，才能冲泡出极致味道的茶水。

品茶不仅是品茶汤的味道，而且是一种享受。观茶色、闻茶香、品茶味、悟茶韵，这四个方面是品茶的基础。环境氛围对品茶也很重要，人处于安静祥和的氛围中，有安宁放松的心态，才能品出茶中的万千滋味。与志同道合的友人一同品茶，可以在静谧的品茗环境中，达到最佳的饮茶效果。

通过识茶、泡茶和饮茶这三方面的研究，我们对茶的品鉴有了更深的认识，把饮茶从日常所需上升到精神享受的高度。本书是一本了解茶文化的入门图书，也是一本集识茶、鉴茶、饮茶、品茶、茶道、茶艺于一体的精品茶书。本书从茶叶的历史，到茶叶的品鉴，再到简单的茶道及饮茶必备的器具等八部分，将茶文化展现在我们面前。

饮茶为的是身体的健康，给生活增添乐趣，拓展情感的交流。全书图文并茂，可以让您在品读的同时欣赏精美的图片，更加直观地感受茶的无穷魅力。

希望本书能让不了解茶的朋友开始认识茶、了解茶，享受茶带给我们的乐趣，丰富我们的生活。

目　录

第一章　茶叶的历史

中国是茶叶的发源地,也是世界茶文化的源头。茶作为一种历史悠久的饮品,经历了千百年的发展和演变,已是待客首选的饮品。品茶也已经成为一种人们享受生活的方式。茶叶是我们生活中不可缺少的一部分,所谓"柴米油盐酱醋茶",要想更多地了解茶,我们就要从茶的起源说起。

第一节 茶叶的起源和发展

　　相传远古时期，神农氏发现了一种可以治疗多种疾病的草药，这种草药就是后来的茶叶。茶叶最初是作为一种药材而使用的，主要用于治疗头痛、消化不良、感冒和疲劳等。彼时的茶还不算是饮品，它更多的是被应用在医药方面辅助治疗疾病。汉代的张仲景、三国时期的名医华佗、南朝齐梁时期的医学家陶弘景以及唐代的孙思邈，在他们的医学著作之中都对茶的功效有详细的记载。

最初的时候，茶叶只是被当作一味药材而被饮用，人们认为喝茶可以强身健体，春秋时期，人们直接口含茶叶或通过咀嚼获取茶汁，得到芳香，久而久之，口含茶叶也成了一种社会风尚。随着发展，人们把嚼茶变为煎茶，将茶叶煎煮后饮用汤汁。经过煎煮的茶味道更为浓郁，也更为苦涩，风味比口嚼更胜一筹，于是煎煮茶也慢慢演变为一种社会风尚。后来人们又将茶与食物一同烹煮，不仅增加营养而且可以解毒，茶逐渐成为日常饮品。

初唐时期，贡茶兴起，成立了贡茶院（即制茶厂），官方开始有组织、大规模地制茶，因而极大地推动了茶叶生产工艺的发展。唐朝开元年间，饮茶活动达到空前规模，茶成为国饮。

目前我们所发现的最早的关于茶叶的文献记载也是唐朝时期的。当时茶叶已经开始被广泛饮用，但具体的使用方法并不规范。这时出现了一个在茶道方面造诣颇深的茶道宗师，他就是被后人称为"茶圣"的陆羽，他在《茶经》一书中详细地阐述了茶叶的历史，对种茶、采茶、茶具选择、煮茶火候、用水，以及如何品饮都有详细论述。在唐朝之前，茶主要是被作为药用或者粗放型的解渴的饮品，唐朝时期的茶饮得到一个质变的发展，为后来的茶文化发展奠定了基础，可以说陆羽是推广茶文化的第一人。因为《茶经》

的出现，煮茶、煎茶、饮茶之风扩散到民间，茶已经成为一种家常饮品。

由于唐朝时期经济、文化鼎盛，当时的日本等国纷纷派遣唐使、留学生前来学习。茶叶因气味清香又提神醒脑，深受外国友人喜爱，茶文化也因此走出了国门。

宋朝时期，茶叶的饮用变得更加普遍。得益于《茶经》的传播，饮茶之

风日益普及，人们将茶艺文化发展到了一个全新的高度，专业的茶师、茶学评论、关于茶的文学艺术作品纷纷涌现，饮茶逐步发展成独有的茶道文化，并成为社交活动的一部分。茶叶的种植和制作技术也得到了进一步的发展，开始出现末儿茶、散茶和花茶等，人们更加崇尚品茶。

明朝时期，茶叶的种植和加工技

术达到了一个新的高峰。明代的茶叶品种繁多，茶叶的品质也得到了进一步提升。明代的文人墨客们喜欢饮茶，并将茶叶与诗歌、绘画等文化艺术结合在一起，形成了独特的茶文化。

根据记载，明代郑和下西洋的船队中，很少出现西方航海中常出现的坏血病，这是因为郑和的船队除了携带荤菜外，还携带了大量腌菜、泡菜，并且船员们常喝绿茶，而绿茶中富含维生素，从而使得船员们避免了感染坏血病。

清朝时期，茶文化继续得到发展，茗茶种类已达五十余种，已分出绿茶、红茶、花茶等大类别。清代时，龙井茶、铁观音等茗茶品种逐渐形成，并得到了广泛的推广和认可。同时，茶叶也进一步向外扩散，随着贸易活动被更大范围地在西方传播。在中国西部高原缺少果蔬的地区，甚至靠茶叶带动了茶马古道的繁荣。

19世纪，英国通过在印度和其他一些亚洲国家建立种植园和茶厂来推广茶叶的种植和生产，使得茶叶在全球范围内普及起来，这也促进了世界茶文化的蓬勃发展，其中日本的茶道和英式红茶就是将中国茶叶本土化的最好代表。

如今，茶叶已经成为最受世界各地人们欢迎的饮品之一，虽然饮品市场品类众多，但是我们不难发现茶饮仍然占据着十分重要的位置。茶叶、咖啡和可可并称世界三大饮料，深受各国人民的喜爱。茶文化在饮品界以独有的特色蓬勃发展。2019年第74届联合国大会宣布,每年5月21日为"国际茶日",以此赞美茶叶在促进经济、社会和文化发展,以及在促进全球农业可持续发展等方面所发挥的重要作用。

第二节　茶香悠悠几千年

中国是礼仪之邦,从古至今人们开展活动都在遵守着礼仪规范。礼仪是一个非常抽象的概念,如果想要透彻地了解其蕴含的真谛,就只能从日常生活中去感知礼仪文化的内涵。我们的古代礼仪文化渗透到了社会的各个层面,上至政治活动,下至吃一日三餐,都需要遵照相关礼仪进行。在众多礼仪文化中饮茶文化别具一格,因为茶作为中国历史演变过程中的重要饮品，从其被发现以来，一直随着历史的发展而发展。

中国作为茶的故乡以及茶文化的发源地，不仅创造出了独一无二的茶文化，而且对后世饮茶之风产生了极其深远的影响。

1.古老的药材

茶作为药材来使用，在我国已有2700年的历史。东汉的《神农本草经》中就写道："神农尝百草，日遇七十二毒，得茶而解之。"唐代陈藏器的《本草拾遗》、明代顾元庆的《茶谱》等书，均详细记载了茶叶的药用功效。《中国茶经》中记载的茶叶的药理功效有24例。日本僧人荣西禅师在《吃茶养生记》中将茶叶列为保健品。

茶具有药用价值

　　现代大量科学研究证实，茶叶确实含有与人体健康密切相关的生化成分，茶叶不仅具有提神清心、清热解暑、消食化痰、去腻减肥、清心除烦、解毒醒酒、生津止渴、降火明目、止痢除湿等功效，还对现代疾病，如辐射病、心脑血管病、癌症等疾病，有一定的药理功效。

可见，茶叶药理功效之多，作用之广，是其他饮料无法替代的。正如宋代文学家欧阳修在其所作的《茶歌》中赞颂的那样："论功可以疗百疾，轻身久服胜胡麻。"茶叶具有药理作用的主要成分是茶多酚、咖啡碱、脂多糖等。

2.重要的战略物资

在古代，茶叶是重要的战略物资，中原地区对茶叶的管控是十分严格的。我国历史上的有些战争就是因为

游牧民族为了获得茶叶而引起的，几乎每一次的和解，都伴随着茶叶的交易。看看古代那些合约就会发现，匈奴、突厥、蒙古、女真等族都有要和中原进行茶叶交易的要求。

中国自古以来就有茶马贸易。在古代，对中原王朝来说，马匹是十分重要的战略物资。当时中原马匹缺少，在军事上受制于人，经常受到游牧民族的袭扰，为了保证国家的安全，秦朝时修建了万里长城。游牧民族通常是严禁马匹流入中原的，但为了获得茶叶，他们能够舍得用马匹来交换，可见茶叶对当时人们生活的重要性。

3.吃茶叶的时代

茶叶从上古传至夏商直至春秋战国时期，由于当时社会物质资源相对比较匮乏，老百姓日常生活中的饮食也比较单调，所以为了能够填饱肚子，很多人是将茶叶煮熟当作菜品来吃的。那时，人们以茶当菜，将茶叶煮熟后与饭菜一同食用。

唐宋时期，官府和文人雅士之间开始盛行茶宴。茶宴的大致过程是：先由主人亲自调茶或监督仆人调茶，以示

茶不仅可以喝还可以吃

对客人的敬意，接着由主人亲自献茶，宾客接茶，大家一起闻茶香，观茶色，品茶味。客人品茶之后会评论茶的品第，称颂主人的道德，赏景作诗等。茶宴的整个过程气氛和谐，庄重雅致，所用茶叶必须是上好的茶叶，并使用名贵茶具冲泡，冲泡时严格按照工艺流程操作。

古人在品茶时对水的要求也十分严格，陆羽在《茶经》中指出："其水，用山水上，江水中，井水下。"明代张大复在《梅花草堂笔谈》中对茶与水的关系，有这样的描述："茶性必发于水，八分之茶，遇十分之水，茶亦十分；八分之水，试十分之茶，茶只八分耳。"可见，水质对茶叶品质的发挥影响极大，古人讲究"名泉伴名茶"。

4. 饼茶、串茶、茶膏的出现

饼茶一般指团茶，是茶叶制成的茶饼。它始于隋唐，盛于宋代。隋唐时期，为改善茶叶苦涩的味道，人们开始在饼茶中掺入薄荷、盐、红枣等。欧阳修的《归田

饼茶

散茶

录》中写道："茶之品，莫贵于龙凤，谓之团茶，凡八饼重一斤。"初步加工的饼茶仍有很浓的青草味，经反复研究，人们发明了蒸青制茶法，即通过洗涤鲜叶，蒸青压榨，去汁制饼，使茶叶中的苦涩味道大大降低。

唐朝人将饼茶用黑茶叶包裹住，在中间打一个洞，用绳子穿起来，称其为串茶。

茶膏现如今已很少被人提及，我们基本上只能在古装影视剧中看到茶

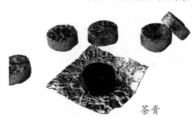

茶膏

膏的冲制过程。饮用茶膏，一般是先将茶膏敲碎，再经过仔细研磨、碾细、筛选，最后置于杯中，然后冲入沸水。由此看来，其整个饮用过程非常烦琐。虽然茶膏已经被岁月淘汰，但是茶膏在茶叶的发展过程中具有不可忽略的作用。

5. 茶叶的改变对饮茶方式的影响

早期的砖茶、团茶被称为块状茶，饮茶方式也不像现在这样对茶叶进行冲泡，而是采用"煮"的方式。直到宋朝中后期，茶叶生产才由以团茶为主逐渐转向以散茶为主。

到了明代，明太祖朱元璋发布诏令，废团茶，兴叶茶，散茶逐步成为主要的品种。从此，人类饮茶方式发生了重大的变革。人们不再将茶叶制作

红茶金骏眉

成茶饼，而是将条形散茶直接在壶或盏中进行沏泡。饮茶方法也由"点"茶演变成了"泡"茶。我们现在通行的"泡茶"的说法就是从明代出现的。

绿茶黄山毛峰

6. 七大茶系

茶文化发展到清朝达到了鼎盛。清朝的茶饮发展最突出的一点就是将茶叶分成了七大茶系，即绿茶、红茶、黄

黄茶霍山黄芽

青茶安溪铁观音

黑茶熟饼

白茶白牡丹　　　花茶茉莉银针

茶、黑茶、白茶、花茶和青茶。

7.现代茶饮的发展

时至今日，茶文化已经融到千家万户的生活中。除了茶叶品种越来越丰富，饮用方式也更加多样化。七大茶系之外，人

速溶茶　　　　　液体茶

袋泡茶

们还开发出各式各样的新型茶饮，例如花草茶、果茶和保健茶等。茶饮的形式也多种多样：液体茶、速溶茶、袋泡茶等等。丰富多彩的茶饮充分满足了人们的日常需要，其独特的魅力也吸引了越来越多的民众。

第三节　喝茶方式的演变

　　饮茶方式先后经历了吃茶、煮茶、泡茶三个阶段的发展演变。

　　第一个阶段，吃茶。茶叶最早的使用方式是口嚼生食，或是将茶叶煮成

食茶

汤羹后服用。郭璞在《尔雅注》中提到："冬生叶，（茶）可煮作羹饮。"也就是说，煮茶时，还要加粟米及调味的作料，熬煮成粥来食用。直到唐代，人们还习惯于这种饮用方法。

第二个阶段，煮茶。这是指将茶叶用火煮成羹来饮用或以茶叶做菜来食用。唐朝之前的煮茶方式因为没有标准的茶艺流程规定，所以煮茶的方法并不规范。唐朝的陆羽编著的《茶经》，明确了煮茶的方法，制定了相关的茶艺标准。时至今日，我国部分少数民族仍习惯于在茶汁中加入其他食品，混合食用。

第三个阶段，泡茶。到了唐朝时期，茶已成为一种独立的饮品，并逐步演变成一种生活艺术。唐代陆羽明确反对在茶中加其他香料、调料，强调品茶应品茶的本味，说明当时的饮茶方法正处于变革之中。当时，纯粹用茶叶冲泡的饮品被称为"清茗"。饮过清茗，再咀嚼茶叶，细品其味，能获得更大的享受。在当时，人们更喜欢享受茶叶清新的感觉。

沏茶

第四节　茶叶在我国的主要分布

　　我国适合种茶的区域非常广阔。我国气候多样，自古就是产茶大国。1982年，中国农业科学院茶叶研究所根据生态条件、生产历史、茶树类型、品种分布、茶类结构等，将我国种茶区域划分为四大茶区，即江北茶区、华南茶区、西南茶区和江南茶区。

　　1.江北茶区——我国最北部的产茶区

　　江北茶区是我国最北部的产茶区，它南起长江，北至秦岭、淮河，西起大巴山，东至山东半岛，包括河南、陕西、甘肃、山东、安徽、江苏等省和湖北北部等地。气候属于北亚热带和暖温带季风气候，年平均降雨量较低，大部分茶区年平均气温在15摄氏度，全年的无霜期在200天到250天之间。该茶区中虽只有少部分地区有良好的气候，种植的茶树品种大多为灌木型中叶和小叶种，但所产出的茶叶质量不次于其他茶区。

该茶区主产绿茶，代表性品种：信阳毛尖、六安瓜片、舒城兰花茶、汉中仙毫、紫阳毛尖等；产黄茶品种：霍山黄芽等；产黑茶品种：泾阳茯茶等。

2.华南茶区——茶树最适宜种植的地区

华南茶区位于中国南部，在连江、红水河、南盘江、保山以南，包括福建大樟溪、雁石溪、广东梅江、连江、广西浔江、红水河、云南南盘江、无量

阿里山茶园

山、保山、盈江以南等地区，以及海南和台湾地区。华南茶区茶树资源丰富，为中国最适宜茶树生长的地区。该茶区茶树种类丰富，有乔木、小乔木、灌木等。

产绿茶品种：桂林毛尖、三峡龙井等；产黄茶品种：广东大叶青茶等；产青茶品种：凤凰水仙、凤凰单枞、铁观音、黄金桂、冻顶乌龙、阿里山茶、包种茶等；产红茶品种：滇红等。

3.西南茶区——最古老的产茶区，茶树的原产地

西南茶区位于米仑山及大巴山以南，红水河、南盘江、盈江以北，神农

易武古树茶及滇红龙珠

架、巫山、方斗山、武陵山以西，大渡河以东，包括贵州、四川、重庆、云南中北部和西藏东南部。西南茶区是中国最古老的茶区。该茶区地形复杂，以盆地、高原为主，有些同纬度地区海拔高低悬殊，气候差别很大，大部分地区属于热带季风气候，冬季不冷，夏季不热，茶树种类很多，主要是灌木型和小乔木型茶树，一些地区还有乔木型茶树。

产红茶品种：滇红、川红等；产绿茶品种：蒙山甘露、蒙顶茶、都匀毛尖、蒙山春露、竹叶青、峨眉毛峰等；产黄茶品种：蒙顶黄芽等；产黑茶品种：普洱茶(熟)、雅安藏茶、康砖茶、金尖茶、沱茶等。

4.江南茶区——经济价值最高的产

茶区

　　江南茶区位于长江以南，大樟溪、雁石溪、梅江、连江以北，包括广东和广西的北部、福建的中北部、安徽的长江以南地区、江苏、湖北、湖南、江西、浙江等广大种植区域。茶区中丘陵地带居多，少数在海拔较高的山区，如浙江的天目山、福建的武夷山、江西的庐山、安徽的黄山等。

太平猴魁

代表性茶叶：龙井（西湖龙井）、洞庭湖碧螺春、黄山毛峰、太平猴魁、安吉白茶、庐山云雾、武阳春雨、惠明茶、南京雨花茶、金坛雀舌等。

篁岭茶园

第二章　茶叶的分类

走进茶叶店，茶香扑面而来，面对各种颜色、各种形态、各种名称的茶叶，我们该如何选择？其实茶叶的名称大多是根据茶叶产地而命名的；有的是根据茶叶形状而命名的；还有的是以历史故事命名的……总之，茶叶的分类方式比较复杂，这样也使得茶更具神秘色彩。人们选择茶叶往往与地域、风俗和个人喜好有很大的关系，下面来介绍一下茶叶的分类。

第一节　传统七大茶系分类法

中国种茶的区域广阔，品种繁多，茶的名称也是五花八门，但被大家熟知和广泛认同的分类法是按照茶汤的色泽与茶叶的加工方法来分类，即传统的七大茶系分类法：红茶、绿茶、黄茶、青茶、白茶、黑茶和花茶。

1.红茶

红茶是我国出口量最大的茶叶种类，出口量占我国茶叶总产量的50%左右，属于全发酵茶类。它因冲泡后的茶汤和叶底以红色为主色而得名，但是在分类初期，红茶被称为"乌茶"，所以它的英文名称为"blacktea"，而不是"redtea"。

红茶在加工过程中发生了以茶多酚酶促氧化为中心的化学反应，鲜叶成分变化较大，茶多酚减少90%以上，产生了茶黄素、茶红素等新成分和香气物质，具有红汤、红叶、香甜味醇等特征。

红茶又分工夫红茶、小种红茶和红碎茶，主要品种有：金骏眉、滇红、祁门红茶、正山小种、大吉岭红茶、阿萨姆红茶。

滇红工夫

政和工夫

祁门红茶　九曲红梅

金骏眉

2.绿茶

绿茶是我国产量最大的茶类，成品茶的色泽、冲泡后的茶汤和叶底都以绿色为主色。其制作过程并没有经过发酵,它是经杀青、整形、烘干等工艺制作而成的,保留了鲜叶中的茶多酚、儿茶素、叶绿素、咖啡碱、氨基酸、维生素等营养成分,从而形成了绿茶"清汤绿叶,滋味收敛性强"的特点。由于营养物质损失少,绿茶对人体健康非常有益,对抗衰老、防癌、抗癌、杀菌、消炎等均有效果。

绿茶的发展历史有三千多年。古代人类将采集到的野生茶树芽叶晒干收藏,可以看作是广义上的绿茶加工的开始。但真正意义上的绿茶加工,是从公

庐山云雾

安吉白茶

黄山毛峰

元8世纪发明蒸青制法开始的。到12世纪，人们又发明了炒青制法，绿茶加工技术已比较成熟，这种绿茶制茶方法一直沿用至今，并不断得到完善。

绿茶中较为有名的品种有以下几种：西湖龙井、洞庭碧螺春、黄山毛峰、信阳毛尖、庐山云雾、六安瓜片、太平猴魁。

西湖龙井

3.黄茶

黄茶的出现具有一定偶然性：由于在制茶过程中，杀青、揉捻后干燥不足或不及时，茶叶的颜色变为黄色，人们发现了茶

洞庭碧螺春

六安瓜片

的新品种——黄茶。黄茶的制作工艺和流程与绿茶有相似之处，不同点是多了一道闷堆工序。这个闷堆过程，是黄茶制法的主要特点，也是它同绿茶的基本区别。绿茶是不发酵的，而黄茶属于发酵类茶。

黄茶具有绿茶的清香、红茶的香醇、白茶的柔甜以及黑茶的厚重，是各阶层人群都喜爱的茶类。其品质特点是"黄叶黄汤"，这种黄色是制茶过程中闷堆渥黄的结果。

黄茶有芽茶与叶茶之分，芽茶和

君山银针

霍山黄芽

叶茶对新梢芽叶有不同要求：除黄大茶要求有一芽四、五叶新梢外，其余的黄茶品种都要求芽叶"细嫩、新鲜、匀齐、纯净"。按其鲜叶的嫩度和芽叶大小，黄茶又可分为黄芽茶、黄小茶和黄大茶三类。

黄茶中较为有名的品种有以下几种：君山银针、蒙顶黄芽、北港毛尖、远安黄茶、霍山黄芽、沩江白毛尖、平阳黄汤、皖西黄大茶、广东大叶青、海马宫茶。

蒙顶黄芽

广东大叶青

4.青茶

青茶也叫乌龙茶。是经过采摘、萎凋、摇青、炒青、揉捻、烘焙等工序后制出的品质优异的茶类。品尝后齿颊留香，回味甘鲜。青茶属于半发酵茶类，在中国几大茶类中，具有鲜明的特色。

青茶在分解脂肪、减肥方面有显著的功效，所以也被称为美容茶、健美茶，深受海内外人士的喜爱和追捧。

青茶中较为有名的品种有以下几种：凤凰水仙、武夷肉桂、武夷岩茶、冻顶乌龙、凤凰单枞、黄金桂、安溪铁

武夷岩茶　　武夷肉桂　　凤凰单枞

冻顶乌龙　　安溪铁观音　　凤凰水仙

观音、本山。

5.白茶

　　白茶成品茶取材多为芽头，细嫩的芽叶上覆盖了白茸毛，因此而得名。白茶是人们采摘了细嫩的芽叶，不经杀青或揉捻，只经过晒或文火干燥后加工的茶，具有芽毫完整、满身披毫等特点。优质成品白茶，毫色银白闪亮，具有"绿妆素裹"之美感，且芽头肥壮，汤色黄亮，滋味鲜醇，叶底嫩匀。冲泡后品尝，滋味鲜醇可口，还能起到药理作用。中医药理证明，白茶性清凉，具有退热降火之功效，因此，人们将白茶视为不可多得的珍品。白茶中的名茶主要有以下几种：白牡丹、白毫银针、寿眉、贡眉、福鼎白茶。

6.黑茶

白毫银针　　　白牡丹　　　寿眉

黑茶因其茶色呈黑褐色而得名。黑茶制茶工艺一般包括杀青、揉捻、渥堆和干燥四道工序。由于加工制造过程中，堆积发酵时间较长，所以叶片多呈暗褐色。其品质特征是茶叶粗老、色泽细黑、汤色橙黄、香味醇厚，具有扑鼻的松烟香味。黑茶属深度发酵类

老茶头 普洱茶（熟）

茶，存放的时间越久，其味道越醇厚。

黑茶中的名品主要有以下几种：普洱茶、老青茶、四川边茶、老茶头、广西六堡茶、湖南黑茶、茯砖茶、黑砖茶。

生饼茶 熟砖茶

7.花茶

花茶又称熏花茶、香花茶、香片，属于再加工茶，即添加植物的花、叶或果实制作成的茶，是中国独特的茶叶品种。花茶一般由茶坯和具有香气的鲜花混合，使花香和茶味相得益彰，受到很多人尤其是偏好重口味的北方朋友的青睐。

花茶具有清热解毒，清心明目，滋阴补肾，美容养颜，补血养血等功效，并能促进机体新陈代谢，延缓衰老，提高免疫能力等。常饮用花茶，还可以有

菊花茶　　　茉莉龙珠　　　女儿环

效调节女性的生理问题，所以花茶也是女性健康的首选饮品。

碧潭飘雪

茉莉银针

常见的花茶品种主要有：茉莉花茶、玫瑰花茶、玉兰花茶、珠兰花茶、菊花茶、千日红、女儿环、碧潭飘雪。

第二节　按发酵程度分类

茶叶的发酵，就是茶叶内部物质的酶促反应，即茶叶细胞被破坏，茶叶细胞内部的化学物质氧化反应。这种反应会使茶叶的色泽、味道、香气都发生变化,使茶叶形成不同的品质风格。

　　根据制茶过程中是否有发酵过程以及工艺划分,可将茶叶分为不发酵茶、微发酵茶、轻发酵茶、半发酵茶、全发酵茶和后发酵茶六大类别。

发酵程度由轻到重,
依次为绿茶、白茶、黄茶、青茶、黑茶、红茶

1.不发酵茶

不发酵茶是发酵程度低于5%的茶叶,是以茶树新梢为原料,不发酵,经杀青、揉捻、干燥等初制工序制成毛茶后,再精制成的茶。不发酵茶具有"清汤绿叶,滋味收敛"的特点。龙井、碧螺春、珠茶、明前虾目、眉茶等,都属于不发酵茶。

2.微发酵茶

微发酵茶是发酵程度为5%~10%的茶叶,是将初展芽叶不经杀青或揉捻,只经过晒或文火干燥而成的茶,成品多为芽头,满披白毫,如银似雪。

3.轻发酵

轻发酵茶是发酵程度为10%~20%的茶叶,是采摘鲜嫩度较高的芽叶,经杀青、揉捻、闷黄、干燥等工序制作而成。因为制作过程中增加一道"闷黄"的工艺，所以茶叶色泽金黄，茶香醇厚。君山银针、蒙顶黄芽、广东大叶青等，都属于轻发酵茶。

4.半发酵茶

半发酵茶是发酵程度为15%~70%的茶叶，是采摘稍成熟的嫩芽，经过萎凋、摇青、炒青、揉捻、烘焙等工序制作而成的茶叶。半发酵茶同时拥有不发酵茶和全发酵茶的特性，茶汤清亮，香味浓郁、醇厚。武夷岩茶、水仙、文山包种茶、冻顶茶、松柏长青茶、宜兰包种、南港包种、明德茶，都属于半发酵茶。

5.全发酵茶

全发酵茶是指100%发酵的茶叶，是以质地鲜嫩的芽叶为原料，经过萎凋、揉捻、发酵、干燥等工序制作而成的茶，具有红汤、红叶、香甜味醇等特征。全发酵茶按品种和形状可作如下分类：

（1）按品种分：小叶种红茶、阿萨姆红茶。

（2）按形状分：条状红茶、碎形红茶、一般红茶。

6.后发酵茶

后发酵茶，发酵程度会随着发酵时间的变长而变深，最有名、最被人熟知的后发酵茶就是黑茶。以黑茶中的普洱茶（熟）为例，它的前段加工工序与不发酵茶类的相同，之后，再经渥堆和发酵而制成。

按照汤色不同，由浅到深依次为绿茶、白茶、黄茶、青茶、黑茶、红茶

第三节　按烘焙温度分类

对于香气不够浓郁或放置一段时间有些走味的茶，制茶师傅经常会借助火的力量去改变茶的色、香、味、形，以迎合市场的需要和客户的需求，这种对茶叶的处理方式就是烘焙。

制茶师傅烘焙前要对茶的整体结构进行全面的辨别与评定。比如，茶叶

中的儿茶素和多元酚在100摄氏度以下时变化较小，当高于120摄氏度时儿茶素会随温度的上升而减少；多元酚则相反，当温度升高的时候，含量反而会增加，但当温度达到160摄氏度左右时其含量又会下降。咖啡碱会因温度上升而含量上升，所以茶叶会越焙越苦。游离氨基酸在香气挥发时含量会下降，而且会和还原糖在高温下发生酶化反应，产生烘焙香，因此，茶叶以焙至炒米香为最佳。

　　焙火的程度不同，茶叶的味道也会各不相同，茶叶的功效也会有所不同。茶叶中像绿茶这类性寒的茶，焙火可以使茶叶的寒性降低。

　　焙火直接影响着茶的颜色，这颜色包括干茶的颜色与冲泡后茶汤的颜色。我们可以通过外观看出焙火的轻重程度：焙火轻的茶，茶叶颜色较为鲜亮，焙火越轻，亮度越高；焙火重的茶，茶叶颜色较为暗沉，焙火越重，颜色越暗沉。人们根据焙火的程度又将茶分为生茶、半熟茶和熟茶。

生茶：轻度焙火，只将水分焙干到5%以下。

半熟茶：温度较高，时间较长焙出

来的茶。

　　熟茶：高温、长时间焙火的茶。

　　所谓的生茶与熟茶，主要都是指焙火的程度。但茶青采得越嫩，揉捻得越轻，发酵得越少，茶叶就会越加偏生；反之，茶青采得越成熟，揉捻得越重，发酵得越多，茶叶就会越加偏熟。茶叶焙火的目的主要有以下四个方面：

　　（1）蒸发水分，降低茶叶的含水

量,延长茶叶的保质期。茶叶由于本身结构疏松,并且内多含带有羟基等的亲水基团,因而具有较强的吸湿性。茶叶水分达到一定程度后,就可能会有霉菌出现,导致发霉变质,失去饮用价值。焙火可以减缓茶叶变质的速度,延长茶叶的保质期,保持茶叶的品质。

(2)改变品质,改善或调整茶叶的滋味以及茶汤颜色。初制茶中常常伴有臭青味、苦味以及储藏不当所带来的异味和陈味,通过一定温度的焙火,能使茶叶滋味变得更加纯正。

(3)增进香色和熟感,用来弥补茶叶制作过程中的缺陷,满足大众口味需求,制成符合市场需要的产品。

(4)杀菌。茶叶中含有大量微生物,包括霉菌、蘑菇菌和酵母菌等。霉菌是茶叶霉变的主要元凶，一般160摄氏度以上可杀灭霉菌。因此，用焙火的方式可以清除霉菌。除此之外，也可通过高温促使茶叶上残留的农药降解和挥发，减少残留。

焙得较成功的茶叶，在冲泡时头三泡的茶水都非常好，较耐泡，水较顺，味道柔和，香气持久。焙得不好的茶叶会只有火燥味，茶水口感硬，冲泡时会一下子把味道全部冲出来，第二泡就没味了，茶叶没有"后劲儿"。

第四节　按制茶的原材料分类

卖茶人提到的"一芽一叶"和"一芽两叶"，是按照制茶的原材料给茶叶分类的。茶叶可分为叶茶和芽茶两类，叶茶和芽茶是根据采摘下来的茶叶的芽叶的嫩度来区分的，通常细分为：单芽、一芽一叶、一芽二叶、一芽三叶等。

"芽"指的是尚未发育成长的叶子和枝条，特点是嫩。"叶"指的是已经发育成熟的叶、枝条上的芽，特点是相对老一些。而单芽是指一片叶子都没有，用这种芽做成的茶叶被称为"芽茶"。

不同的茶对原材料的要求也各不相同，有的茶叶需要新鲜叶片制作，因而要等到茶树的枝叶成熟后才摘取；有的则需要采摘茶树的嫩芽，需要芽越嫩越好。所以茶树采摘的时间也要因茶而异。

1.叶茶

顾名思义，叶茶是以成熟的叶为制造原料制成的茶。叶茶类以采摘叶为

原则,采摘时,对不同的茶有明确的要求。常见的叶茶有以下6种:

(1)绿茶。茶叶经过杀青和烘干的处理,具有清香、清淡、清爽的口感,常见的绿茶品种有龙井、碧螺春等。

安吉白茶

(2)黄茶。所用茶叶是特殊茶树上的茶叶,具有色泽黄绿、汤色澄黄、香气独特、滋味鲜爽、回甘持久等特点,常见的黄茶品种有君山银针、蒙顶黄芽等。

(3)白茶。这是一种微发酵的茶叶,具有滋味清新、醇厚、香气清幽、汤色淡黄等特点，常见的品种有白牡丹、寿眉等。

（4）红茶。这是一种完全发酵的品种，具有香气

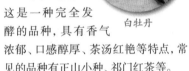

白牡丹

浓郁、口感醇厚、茶汤红艳等特点，常见的品种有正山小种、祁门红茶等。

（5）乌龙茶。这是一种半发酵的茶叶，具有味道浓郁，口感甘醇、柔滑等特点，常见的品种有铁观音、大红袍等。

（6）黑茶。黑茶是一种后发酵的茶叶，有特殊的陈香味，具有口感温和、滋补养生等特点，常见的品种有普洱茶、六堡茶等。

总之，叶茶的品种繁多，每种茶叶的口感、香气、色泽等都各有特色，我们可以根据自己的喜好来选择适宜的茶叶。

2.芽茶

芽是指尚未成熟的叶子与枝条，是茶树最嫩的部位。按照采摘嫩度由嫩到老排列，依次为：单芽、一芽一叶、一芽二叶和一芽三叶。芽通常位于新梢最顶端的位置，因为顶芽尚未发育成长，所以没有展开，平铺面积是最小的。如白茶中的白毫银针，就是采摘肥嫩的单芽制成的，茶叶上可以

白毫银针

看到明显的白毫茸毛，这就是制作原料细嫩的表现。

叶茶和芽茶在成分上有根本的区别。茶叶中的茶多酚是影响茶叶品质的重要元素，其对于茶叶的色、香、味都有影响。一芽一叶、一芽二叶、一芽三叶中，一芽一叶中茶多酚的含量最多，茶的品质也是最好的。

茶叶经光合作用的产物是碳水化合物，叶子越成熟，所积累的碳水化合物就会越多，茶叶的品质也会随之降低。一般优质茶都是选用单芽、一芽一叶初展，以及一芽二叶初展的芽叶，而普通的红茶和绿茶则选用一芽二叶或一芽三叶。

第三章　茶叶的功效

从神农尝百草开始，古人就已开始利用茶来治疗疾病。随着《茶经》对茶文化的推广，以及文人墨客对茶文化的推动，茶的功效逐渐被世人认可。世界卫生组织调查了许多国家中老年人饮用饮料的情况，最终得出结论：茶是最适合中老年人饮用的饮料。近些年由茶衍生出的各类饮品层出不穷，茶给人们身体健康带来的好处也越来越被认可。

茶富含多种营养元素

据科学的分析和鉴定，茶叶中含有许多种对人体有益的营养元素，这些营养元素中具有代表性的有蛋白质、氨基酸、维生素、各种矿物质、碳水化合物、生物碱、有机酸、脂类化合物、茶多酚等。这些物质具有防病、治病、有益人体健康的作用。

有机茶

当身体疲惫或精神疲劳的时候，喝上一杯茶，你会顿时感到神清气爽；当天气炎热高温时，喝上一杯茶，你会顿感清凉解渴；当你饮食过量、油腻腹胀的时候，喝上一杯茶，便可解油腻、助消化。茶已然融到我们生活的方方面面，给我们的生活提供着帮助。

高山茶：五指山兰贵人茶

平地茶：西湖龙井

1.茶叶中含有人体需要的矿物质元素

茶叶中含有人体所需的大量元素和微量元素。大量元素主要有磷、钙、钾、钠、镁、硫等；微量元素主要有铁、锰、锌、硒、铜、氟和碘等。大多数茶叶中，都富含锌元素，尤其是绿茶，每克绿茶平均含锌量达73微克，最高可达252微克；每克红茶平均含锌量也有32微克。茶叶中铁的平均含量为每克干茶123微克。这些元素对人体的生理机能有着非常重要的作用。

2.茶叶中富含人体所需的多种维生素

茶叶中所含有的维生素,根据其溶解性可分为水溶性维生素和脂溶性维生素。水溶性维生素包括B族维生素和维生素C,它们通过饮茶就可以被人体直接吸收和利用。B族维生素具有去除疲劳、提神、安神、活血等功效;维生素C,又称抗坏血酸,可以增强人体免疫力。因此,常喝茶可以有效地补充人体所需的多种水溶性维生素。

茶叶中脂溶性维生素含量也很高。茶叶中维生素E含量比一般果蔬要高得多,每毫升茶叶中维生素E的含量为50毫克~70毫克,含量高的可达290毫克。维生素E具有很强的抗氧化性,具有抗衰老、美容的功效,但维生素E

不溶于水，茶叶可以做成茶食，比如捣成茶粉加入糕点中食用，来获取其维生素E。

3.茶叶中含有人体需要的氨基酸

茶叶中的氨基酸种类丰富，其中还有人体成长发育所必需的组氨酸。虽然这些氨基酸在茶叶中含量并不

高,但是能达到人体每天的需求量。茶叶中含有约28种氨基酸,其中人体必需的氨基酸有8种,它们是异亮氨酸、亮氨酸、赖氨酸、苯丙氨酸、苏氨酸、缬氨酸、色氨酸和蛋氨酸。

4.茶叶中含有人体所需蛋白质

蛋白质是生命的物质基础,人类的所有生命活动都需要蛋白质的支持。因此,它是与生命及各种形式的生命活动都息息相关的物质。茶叶中的蛋白质含量占茶叶干物量的20%~30%,其中水溶性蛋白质是形成茶汤滋味的主要成分之一。因此,常喝茶有助于补充身体所需的蛋白质。

5.茶叶中含有人体需要的糖类

糖类是人体最主要的热量来源,糖类能促进人体内蛋白质的合成,还能促进脂肪的代谢，加速血液循环，增强体质。茶叶中的糖类多是不溶于水的，因而茶的热量并不高，属于低热量饮料。茶叶中的糖类对人体生理活性的保持和增强具有显著功效。

除以上几种营养元素外，茶叶中还包含多种对人体有益的物质。因此，常喝茶不只会给我们带来口感的享受，还可以及时补充身体所需的各种营养，对我们的身心健康都大有裨益。

第四章　茶叶的品鉴

第一节　红茶的品鉴

　　红茶是一种广泛饮用的全发酵茶。它不仅色泽乌润，汤色鲜亮，而且口感温和。人们在日常生活中常将其与砂糖、奶酪、柠檬等调和饮用。红茶具

有收敛性弱、广交能容的特性。

1.滇红茶

云南红茶简称滇红，属红茶类，主要产于云南省南部与西南部的临沧、保山、凤庆、西双版纳、德宏等地。以大叶种红碎茶拼配形成，定型产品有叶茶、碎茶、片茶、末茶，4类11个花色。加入糖或奶后的滇红茶香气更加馥郁浓醇，口感更佳。滇红茶是全球茶叶市场上最有名的红茶品种。伊丽莎白女王访问云南时，滇红茶中的特级"滇红工夫茶"被定为外事礼宾茶，并作为礼物赠送给了女王，得到了女王的连声称赞。

茶叶鉴赏

（1）从茶叶的外形上来看，滇红碎茶颗粒重实、紧致匀齐，色泽乌黑光润。

　　滇红茶条索紧结，芽壮叶肥，苗锋完整。

　　（2）从叶底看，滇红茶色泽鲜亮，鲜嫩均匀。滇红工夫茶的特色为茸毫

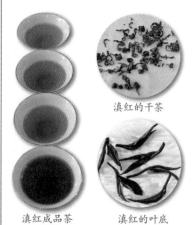

滇红的干茶

滇红成品茶　　　　滇红的叶底

显露，毫色有淡黄、橘黄、金黄之分。

（3）从汤色和滋味来看，滇红汤色鲜红明亮，金圈突显，香味浓郁。滇红碎茶滋味浓郁，富有刺激性；滇红工夫茶滋味醇和。

2.祁门红茶

祁门红茶简称祁红，是中国历史名茶，红茶精品。产于安徽省祁门、东至、池州市、石台、黟县，以及江西的浮梁一带，茶叶的自然品质以祁门的历口、闪里、平里一带为最优。祁门红茶制作原料十分精致，多为鲜嫩茶芽的一芽二叶、一芽三叶。在制作中要经过初制、揉捻、发酵等多道工序，使得自身香气十分持久馥郁且特别，果香中又融合了兰花香，国际茶市上专门把这种香气称为"祁门香"，有"清誉高香不二门"之说。祁门红茶更是因此获得了"群芳最""王子香""红茶皇后"等美誉。

国际市场把中国的祁门红茶、印度大吉岭茶和斯里兰卡乌伐的季节茶，并列为世界公认的三大高香茶。祁门红茶还是英国女王和王室的至爱饮品。

茶叶鉴赏

（1）从茶叶的外形上来看，祁门红茶以条索紧结纤秀，乌黑润泽，金毫显露，均匀整齐为优品；以条索粗松，匀齐度差为次品。

（2）从叶底看，祁门红茶以叶底薄厚均匀，叶脉紧密清晰，叶质柔软，色泽明亮棕红为优品；以叶底色泽暗淡，多乌条，叶质粗糙为次品。

（3）从汤色和滋味来看，祁门红茶以汤色明红油润，金圈突显，浓醇稠和，香气纯正、醇厚持久，鲜活回甘为佳品。

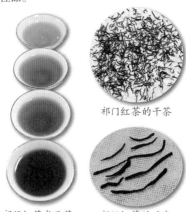

祁门红茶的干茶

祁门红茶成品茶

祁门红茶的叶底

3.金骏眉

金骏眉茶，属红茶中正山小种的分支。金骏眉因冲泡后茶汤呈琥珀金色，有淡而甜的蜜香，口感甘甜润滑，茶型修长如眉而得名。金骏眉原产于福建省武夷山市桐木村，是正山小种红茶第二十四代传承人江元勋带领团队在传统工艺的基础上，通过创新融合，于2005年研制出的新品种红茶。

金骏眉之所以名贵，是因为制茶过程全部是制茶师傅手工操作。金骏眉的制作原料是武夷山自然保护区内的高山原生态小种新鲜茶芽，每500克金骏眉需要数万个茶叶鲜芽尖，然后经过一系列复杂的萎凋、摇青、发酵、揉捻等加工步骤才得以制成。金骏眉是难得的茶中珍品，外形细小紧密，伴有金黄色的茶绒、茶毫。

茶叶鉴赏

（1）茶叶中含茶芽量越高，等级越高，小叶种茶条索细紧，大叶种茶叶肥壮、紧实，色泽乌黑有油光。金骏眉

金骏眉的干茶

金骏眉成品茶　　　金骏眉的叶底

茶上的金黄色为茶的毫毛，毫毛多者为佳品。金骏眉香气特别，干茶香气清甜。

（2）开汤汤色金黄，水中带甜，甜里透香；热汤香气清爽纯正；温汤（45℃左右）鲜美细腻；冷汤清和幽雅，清高持久。汤色与碗壁接触处有一圈金黄色的光圈，俗称"金圈"。

（3）无论热品冷饮皆绵顺滑口，极具"清、和、醇、厚、香"等特点。多次冲泡，口感依然饱满甘甜。叶底舒展后，芽尖鲜活，秀挺亮丽。

第二节　黄茶的品鉴

黄茶芽叶细嫩，香气柔和，滋味甘醇，具有"黄叶黄汤"的特点。黄茶是中国特产，按鲜叶老嫩和芽叶大小可分为黄芽茶、黄小茶、黄大茶。黄茶属轻发酵茶，它的加工工艺类似于绿茶，只是在干燥之前或之后，增加了一道"闷黄"的工艺，以促使茶叶内多酚、叶绿素等物质部分氧化。因为其富含茶多酚等营养物质，且鲜叶中的天然物质保留程度较高，所以黄茶在杀菌消炎、防癌抗癌等方面有着其他茶叶无法比拟的特殊效果。

君山银针

君山银针，又称白鹤茶，是中国十大名茶之一，产于湖南省岳阳市洞庭湖中的君山。它形细如针，故得此名。又因其成品茶芽头苗壮，大小均匀，内呈橙黄色，外裹一层白毫，故得雅号"金镶玉"。君山茶历史悠久，唐代就已有记载，据说文成公主出嫁时就选了君山银针茶带入西藏。

君山银针的采制要求很严格。每年只能在清明前后7天~10天采摘，采摘标准为春茶的首轮嫩芽，还规定了有以下9种情况不能采摘：雨天、风霜天、虫伤、细瘦、弯曲、空心、茶芽开口、茶芽发紫和不合尺寸。冲泡时，茶叶会三落三起，十分有趣。

茶叶鉴赏

（1）从茶叶的外形上来看，优质的君山银针，芽头肥壮挺直、匀齐，满披茸毛。色泽金黄光亮，香气清鲜。

（2）从叶底看，君山银针叶底明亮嫩黄，叶质均匀。以冲泡时银针竖起为优品，以冲泡后银针不能竖立为次品。

（3）从茶汤和口感来看，君山银针汤色橙黄鲜亮，香气清鲜，滋味醇和，甘甜爽滑。

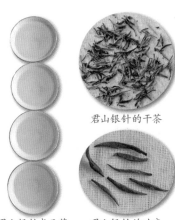

君山银针的干茶

君山银针成品茶　　君山银针的叶底

第三节　绿茶的品鉴

　　绿茶是我国最古老的茶类，也是最主要的茶类之一。它属于不发酵茶，色泽嫩绿鲜亮，气味清新，味道甘醇，爽口解渴。如今，绿茶又因其出色的抗衰老与抗癌功效，成为大众日常生活中养生保健的新宠。

　　1.碧螺春

　　碧螺春是中国传统名茶，中国十大名茶之一，属于绿茶类，已有一千多年的历史。碧螺春的主要产地为江苏省苏州市吴县太湖的东洞庭山及西洞庭山（今苏州吴中区）一带，所以又称"洞庭碧螺春"。因为炒成后的干茶条索紧结，外裹白毫，银绿鲜亮，螺状卷曲，又产于春季，故名"碧螺春"。

在唐朝时，碧螺春就被列为贡品，碧螺春被称为"功夫茶""新血茶"。高级的碧螺春茶芽十分细嫩，半公斤干茶需要茶芽6万~7万个。因碧螺春茶树与果树间种，故其茶叶具有特殊的花香味。碧螺春以"形美、色艳、香浓、味醇"四大特点驰名中外。当地茶农将碧螺春描述为："铜丝条、螺旋形、浑身毛，花香果味，鲜爽生津。"冲泡碧螺春时，茶叶吸饱水分，慢慢沉入杯底，又从下至上晕染起阵阵绿意，故碧螺春又有"春染海底"的美誉。

茶叶鉴赏

（1）从茶叶的外形上来看，碧螺春多以一芽一叶的嫩芽为原料，叶柄、老叶、黄叶越少，品质越佳。优质碧螺春茸毫覆盖，茸毫越细密者，品质越佳。

（2）从叶底看，碧螺春色泽鲜亮柔和，银绿中有隐隐的翠绿色。

（3）从汤色和滋味来看，碧螺春以汤色微黄为优品。茶汤清香醇和，兼有花朵和水果的清香，鲜爽凉甜，素有

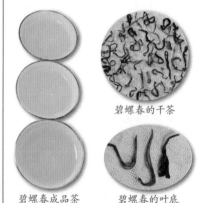

碧螺春的干茶

碧螺春成品茶

碧螺春的叶底

"一酚鲜雅幽香,二酚芬芳味醇,三酚香郁回甘"的说法。

2.黄山毛尖

1998年,黄山毛尖茶被开发研制出来,是无污染、纯天然的花香型名优绿茶,属尖茶类,是半烘半炒型绿茶,产地位于安徽省黄山区新明乡。黄山毛尖曾获得中国国际博览交易会国际名茶金奖,在国内被誉为"国饮"。

黄山毛尖采摘期在清明至谷雨之间。按照制茶原料的鲜嫩程度从嫩到老依次为:一芽一叶、一芽二叶、一芽三叶。等级可划分为特级到三级等品级。制茶方式将传统工艺和高科技技术融合,包含采摘、摊凉、杀青、理条、烘干、贮藏等多道工序,最大限度地保留了茶叶原有的天然营养成分。

茶叶鉴赏

（1）从茶叶的外形上来看，黄山毛尖以色泽嫩绿，叶片覆霜，条索紧结挺直、圆实有峰为优品；以叶片暗淡暗黄，条索松散扁平、弯曲轻飘为次品。

黄山毛尖的干茶

黄山毛尖成品茶

黄山毛尖的叶底

（2）从叶底看，经过几巡的冲泡，以叶底细嫩柔软、肥厚、色泽鲜亮为优品；以叶底暗黄粗老，叶梗红硬，甚至出现青菜色为次品。

（3）从**汤色**和口感来看，黄山毛尖以汤色清澈黄绿，浓郁清新，香气持久，口感醇厚，回甘润滑为优品；以汤色浑浊暗黄，香气中夹泥土气、日晒气等异味，口感苦涩、寡淡为次品。

3.西湖龙井

西湖龙井，中国十大名茶之一，属于绿茶扁炒青的一种，主要产于浙江杭州西湖的狮峰、龙井、梅家坞、虎跑一带，大众普遍认为狮峰产出的龙井茶品质最佳。相传乾隆皇帝游览杭州西湖时，曾经盛赞西湖龙井茶，把狮峰山下胡公庙前的十八棵茶树封为"御茶树"。

　　西湖龙井按外形和内质的优次分为八个等级。特级西湖龙井,色泽嫩绿光润,外形扁平鲜嫩、光滑挺直,香气清高,口感爽滑甘醇,叶底呈朵。西湖龙井茶凝聚了西湖的美,将自然与人文完美结合,是西湖地域文化的重要载体。西湖龙井因"色绿、香郁、味甘、形美"四绝而著称,素有"绿茶皇后"的美誉。

　　茶叶鉴赏

　　(1)从茶叶采摘时间看,龙井茶采摘时间十分讲究,清明节前采制的龙井茶叫"明前茶""明前龙井",美称"女儿红";谷雨前采制的叫"雨前茶",素有"雨前是上品,明前是珍品"的说法。

（2）从叶底看，西湖龙井以条形整齐，扁平光滑挺直，苗锋尖削，芽长于叶，色泽嫩绿光润为优品。冲泡龙井茶时，茶芽根根直立，汤色澄澈，尤以一芽一叶俗称"一旗一枪"者为极品。

龙井茶的干茶

龙井茶成品茶　　龙井茶的叶底

（3）从汤色和口感来看，西湖龙井的春茶汤色碧绿澄澈，有清香或嫩栗香，口感清爽甘甜，香气清幽；夏秋龙井茶，汤色润泽黄亮，虽比春茶粗糙，略有苦涩，但滋味浓郁。

4.安吉白茶

安吉白茶，在清明前萌发的嫩芽为白色，到谷雨后至夏至前，逐渐转为白绿相间的花叶，属于白化的绿茶。安吉白茶的加工结合了它自身的品质特性，加工工艺包括摊青、杀青、理条、搓条、摊凉、初烘、焙干和整理。安吉白茶外形似凤羽，明黄翠绿，香气浓郁，叶底芽叶细嫩成朵。安吉白茶富含人体所需的多种氨基酸，其氨基酸含量在5%~10.6%，高于普通绿茶3~4倍，多酚类又少于普通的绿茶，所以安吉白茶滋味特别鲜爽，少有苦涩味。

　　茶叶鉴赏

　　（1）从外形上来看，茶叶挺直略扁，叶白脉翠，壮实匀整，呈凤羽形。幼嫩芽叶呈玉白色，以一芽二叶为最

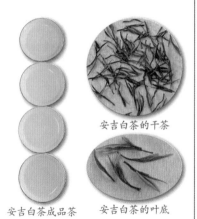

安吉白茶的干茶

安吉白茶成品茶　　安吉白茶的叶底

白。叶芽翠绿，形如兰蕙，覆盖白毫。

（2）从茶叶香气来看，安吉白茶清香且持久，有"淡竹积雪"的奇逸之香。口感鲜爽，回甘生津，唇齿留香。

（3）从茶汤来看，冲泡后，汤色清澈明亮，叶底芽叶细嫩，朵朵可辨。

第四节　青茶的品鉴

　　青茶又称乌龙茶，是一种发酵程度介于绿茶与红茶之间的半发酵类茶。其最大的特点就是"绿叶镶红边"。青茶集合了绿茶和红茶的优点，保持了醇厚的口感，耐冲泡，能达到"七泡有余香"，它还是日常生活中抗衰防癌的上佳之选。

1.安溪铁观音

安溪铁观音，又称红心观音、红样观音，是中国十大名茶之一，为乌龙茶类的代表。安溪铁观音，主产于福建安溪。它具有独一无二的"观音韵"，以其香高韵长、醇厚甘鲜、品格超凡的特点驰名中外，并以此跻身于世界十大名茶之列。

安溪铁观音为灌木型植株，抗逆性较差，产量较低，有"好喝不好栽"之说。因叶形椭圆，叶尖端凹陷，略向左歪，有"红芽歪尾桃"之称。在实际生产中，采摘一般按照"开采适当早，中间刚刚好，后期不粗老"的原则。

茶叶鉴赏

（1）从茶叶的外形上来看，优质的安溪铁观音条卷曲，结紧圆实，条索肥壮,整体形状似蜻蜓头、螺旋体、青蛙腿,色泽明润,周身砂绿色,叶表带白霜。

(2)从叶底看,安溪铁观音叶梗有红润光泽,叶片肥厚柔软,叶面有波浪

安溪铁观音的干茶

安溪铁观音成品茶

安溪铁观音的叶底

识茶 鉴茶 饮茶

花纹，俗称"绸缎面"。

（3）从茶汤和口感来看，安溪铁观音汤色金黄，香气浓郁。香气中有兰花香、生花生仁味、椰香等各种清香味，以口感鲜爽、有回甘为优品；以汤色暗红，香气寡淡为次品。

2.武夷大红袍

武夷大红袍，是武夷山最负盛名的茶，是中国十大名茶之一。早春茶芽萌发时，远望通树艳红似火，好似茶树身披红袍，因而得名。原产于中国福建省北部的武夷山地区，至今依然生长在武夷山九龙窠峭壁上的大红袍母树，树龄已经有三百多年。武夷大红袍喜暖，喜光，耐阴，适于在漫射光下生长，其生长的土壤全系酸性岩石风化而成。大红袍茶树为灌木型，目前在九龙窠的绝壁上仅存4株，产量稀少，被视为稀世珍品。精湛的工艺特制而成，成品茶品质独特，香气浓郁，滋味醇厚，饮后回味无穷。所以武夷大红袍被誉为"武夷茶王"，且素有"茶中之王"的美名。

茶叶鉴赏

（1）从茶叶的外形上来看，武夷大红袍属于传统乌龙茶的代表，单叶条索，条索紧结，肥壮匀整，条形扭曲似龙，其他形态的茶叶都非大红袍。

（2）从叶底看，武夷大红袍叶底均匀光亮，绿褐鲜润，叶子边缘为朱红色或有红点儿，中央叶肉呈黄绿色，叶脉为浅黄色。

（3）从汤色和口感来看，武夷大红袍很耐冲泡，茶汤黄褐色，茶汤透亮厚重，混有独特的兰花香，香气馥郁持久，滋味醇和，喉口回甘。

武夷大红袍的干茶

武夷大红袍成品茶　武夷大红袍的叶底

3.高山乌龙

高山乌龙茶，又称软枝乌龙、金萱茶，是介于绿茶和红茶之间的半发酵茶，种植地多位于海拔一千公尺以上，主产地为台湾南投县、嘉义市等。高山雾气重，雨水大，空气湿度非常高，所产出的高山乌龙也非常嫩，品质上佳。由于高山地区日照时间短，使茶叶中产生苦涩味道的儿茶素含量较低，所以高山茶颜色翠绿，味道甘醇，十分耐冲泡。

高山乌龙茶采摘时间在每年清明节前后，其采摘标准为一芽一叶初展或一芽二叶初展。加工工艺主要有萎凋、摇青、杀青、重揉捻、团揉等，最后要经文火烘干。高山乌龙茶品种比较多，主要有杉林溪、文山包种、金萱等种类。高山乌龙茶是我国台湾省最具代表性的名茶，享誉全球，在海内外都有很广阔的市场。

茶叶鉴赏

（1）从茶叶的外形来看，高山乌龙茶为半球或者球状，条索肥壮，结紧有致，以一芽二叶为优品；以外形松散，茶条萧索者为次品。

（2）从叶底看，高山乌龙以叶芽柔

高山乌龙的干茶

高山乌龙成品茶　　高山乌龙的叶底

软肥厚,色泽黄绿,叶片边缘整齐均匀者为优品;叶底破损不完整,茶汤浑浊,不耐多次冲泡者为次品。

(3)从汤色和口感来看,高山乌龙茶汤橙黄中略有青色,清澈透亮,口感爽滑,有清甜味或青果味,入口回甘,清香持久;茶汤色泽单一,没有青色,入口青涩,毫无回甘者为次品。

第五节　白茶的品鉴

白茶是我国特产,属于轻微发酵的茶类。优质的白茶布满白毫,外形呈针状,晶莹雪白,汤色与叶底都显得浅淡清净。白茶生性清凉,有降火退热之功效。人们熟知的白茶品种有白毫银针、白牡丹、寿眉等。

1.白毫银针

白毫银针,是中国十大名茶之一,原产地为福建,主要产区有福鼎、柘荣、政和、松溪、建阳等地,素有茶中"美女""茶王"之称。因其周身白毫,银白如针而得名。由于原料全部为茶芽,所以成品茶长仅约3厘米。

白毫银针的采摘非常严格,标准为嫩梢一芽一叶时采摘,采摘后要将真叶、鱼叶全部剥离,置于阴凉通风处,晾晒至八九成干,再用焙笼以文火焙至足干。采摘白毫银针有"十不采",分别是雨天不采、露水未干不采、紫色芽头不采、细瘦芽不采、虫伤芽不采、风伤芽不采、开心芽不采、人为损伤芽不采、空心芽不采、病态芽不采。

茶叶鉴赏

（1）从干茶的外形来看，芽壮肥硕，色泽银灰，莹莹发光者为优品；芽头瘦弱、短小，色彩灰暗的干茶为次品。

（2）从叶底来看，叶底呈黄绿色，

白毫银针成品茶

白毫银针的干茶

白毫银针的叶底

均匀整齐者为优品；而次品的叶底则杂乱无章，颜色灰暗。

（3）从茶汤和口感来看，冲泡后的白毫银针，细长如针立于水中，升降浮沉，让人赏心悦目。北路银针清鲜爽口，而南路银针则滋味浓厚。

2.白牡丹茶

白牡丹茶，属于轻微发酵茶，主产地为福建省的政和县、松溪县、建阳区和福鼎市，为福建省历史名茶。白牡丹毫心肥壮，叶张肥嫩，叶色灰绿，夹以银白毫心，呈"抱心形"，叶背满布洁白茸毛。因其形似花朵，冲泡之后如朵朵牡丹花绽放而得名。

白牡丹茶主要采用传统工艺制作，只需萎凋和焙干两道工序，其中萎凋的火候非常重要。白牡丹茶的采摘也极为讲究，需要遵守"三白"，即芽、一叶、二叶都要求有白色茸毛。

茶叶鉴赏

（1）从茶叶的外形上来看，白牡丹茶有两叶抱一芽的特点。外形为"抱心

白牡丹的干茶

白牡丹成品茶

白牡丹的叶底

形"，毫心肥壮，呈银白色，叶态自然伸展，叶子背面布满茸毛。

（2）从叶底看，优质的白牡丹茶的叶底主要呈现浅灰色，肥嫩壮实、均匀完整，叶脉微微现出红色。

（3）从茶汤和口感来看，冲泡过后的白牡丹，茶汤清明，呈现橙黄色或杏黄色。口感鲜醇爽口有回甘，香气中充满了鲜嫩持久的毫香。

3.寿眉

寿眉是以福鼎大白、福鼎白茶树制成的白茶。寿眉叶张肥嫩，芽叶连枝，无老梗，叶片完整卷曲如眉，香气清纯。其中以茶芽叶为原料制成的被称为"小白"，以区别于用福鼎大白茶茶树、政和大白茶茶树芽叶制成的"大白"毛茶。寿眉是白茶中产量最多的品种，主要产地为福建省福鼎、建阳、浦城、建瓯等地。寿眉历史悠久，福鼎的寿眉还有"茶叶活化石"的美誉。

寿眉的采摘标准非常严格，通常要求一芽二叶或是一芽三叶，并且要求芽

寿眉的干茶

寿眉成品茶　　　　寿眉的叶底

叶必须含有壮芽和嫩芽。

茶叶鉴赏

（1）从茶叶外形上来看，以色泽翠绿，外形卷曲如眉，芽叶之间有白毫，并且毫心明显、数量较多者为优品。

（2）从叶底来看，以叶底较为鲜亮、柔软整齐，迎着阳光看去叶脉会呈现红色者为优品。

（3）从茶汤和口感来看，优质寿眉冲泡之后，茶汤会呈现深黄色或是橙黄色。口感醇厚爽口，香气萦绕唇齿间久久不散者为优品。

第六节　花茶的品鉴

花茶，又名香片。利用容易吸收异味的特点，将新茶与鲜花一起闷，使茶叶吸收花香气成为花茶。花茶主要以绿茶、红茶或者乌龙茶作为茶坯,是中国特有的一类再加工茶。花茶气味芳香并具有养生疗效。

1.茉莉花茶

茉莉花茶,又称茉莉香片,发源地为福建福州,已有1000多年的历史。茉莉花茶产地众多,其制作工艺因产地不同也不尽相同,各有特色。因其茶香中混合着茉莉花香,有"窨得茉莉无上味,列作人间第一香"的美誉。茉莉花茶多用绿茶的茶叶作为茶坯,也有部分种类用红茶或乌龙茶作为茶坯的。其制作工艺是将茶叶与茉莉花进行糅合、窨制,使茶叶充分吸收花的香气。成茶中的茉莉干花只是点缀、提鲜的。

纯茉莉花茶

茉莉花茶的历史可以追溯到唐朝，唐朝著名诗人白居易曾有诗句："采茶何须大袖舞，霞帔斜分小脚裳。浮生长恨欢娱少，肠断茉莉花同霜。"描写的就是身着霞帔、小脚裳的采茶人，手拿茉莉花的形象。在宋代，茶花逐渐被加到茶叶当中，使茉莉花茶的制作工艺进一步改进。在清朝，茉莉花茶被列为贡品。新中国成立之后，福州茉莉花茶一直是国家的外事礼茶。

茶叶鉴赏

（1）从茶叶外形看，好的茉莉花茶外形会非常精美，叶子都呈长条状，高档的茶叶会带有比较多的幼小的嫩芽。

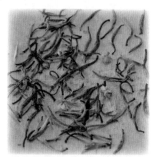

与绿茶糅合的茉莉花茶的干茶

（2）从香气来看，好的茉莉花茶香气浓郁而柔和，清新而持久，茉莉花香与茶叶香气混合下没有丝毫异味。

（3）从茶汤的滋味来看，茉莉花茶冲泡后，越饮越有花香的味道，泡后茶汤无苦涩之味，淡淡的黄绿色茶汤，给人心旷神怡、沁透心脾的感觉。

2.玫瑰花茶

玫瑰花茶为花茶的一种，是由茶叶与玫瑰鲜花窨制而成的，主要产于我国山东平阴等地。玫瑰花茶是用鲜花和茶叶嫩芽按比例混合制成的，所用茶坯有红茶、绿茶，所用鲜花有玫瑰花、蔷薇花、月季花等。成品玫瑰花茶香气扑鼻，和而不冲，茶汤香甜，滋味甘美。

在中外的记载中，人类种植玫瑰、

纯玫瑰花茶

使用玫瑰的历史非常悠久。关于玫瑰花茶，早在我国明代钱椿年编、顾元庆校的《茶谱》中就有详细的记载。玫瑰花茶富含维生素A、C、B、E、K，以及鞣质酸，具有行气，活血，补气血，收敛、平衡内分泌的作用。玫瑰花茶还具有消除疲劳、美容养颜、减肥瘦身、调理肝胃等作用。

茶叶鉴赏

（1）从外形来看，上等玫瑰花茶的颜色是酱红色的，外形饱满，色泽均匀，没有异味。

（2）从叶底看，优质玫瑰花茶由红玫瑰或者粉玫瑰制成，玫瑰入水后，花瓣颜色逐渐变淡，花瓣完整，杂质

与绿茶糅合的玫瑰花茶

较少。

（3）从茶汤颜色来看，玫瑰花茶茶汤偏红色，香气冲鼻，没有异味。

第七节　黑茶的品鉴

黑茶属于完全发酵茶类。优质的黑茶色黑而有光泽，香气纯正，汤色橙黄明亮，味道醇和甘甜。

1.安化黑茶

安化黑茶是中国黑茶的始祖，又称边茶，属于后发酵茶，因产自湖南益阳市安化县而得名，主要产品有茯砖、黑砖、花砖、青砖、湘尖等。安化黑茶在唐代史料中被记载为"渠江薄片"，曾被列为朝廷贡品。安化黑茶明嘉靖三年（1524年）被制造出来，万历年间被定为官茶。

安化黑茶的采摘，一是要新鲜，二是要有一定的成熟度。一级茶叶以一芽二叶和一芽三叶为主；二级茶叶以一芽四叶和一芽五叶为主；三级茶叶以一

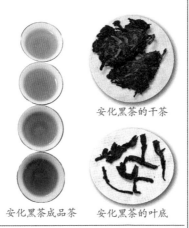

安化黑茶的干茶

安化黑茶成品茶

安化黑茶的叶底

芽五叶和一芽六叶为主。安化黑茶还有"三尖四砖"之说，三尖又称湘尖，包括天尖、贡尖、生尖，为安化黑茶的上品；四砖则是指花砖、黑砖、茯砖和青砖。

茶叶鉴赏

（1）从茶叶的外形上来看，以色泽发黑有光泽，条索紧结、呈泥鳅状，砖面端正完整者为优品。以有红色或棕色等杂色掺杂的为次品。

（2）从叶底来看，安化黑茶的每个品种各有不同。普通砖茶叶底黑褐粗老；特质砖茶叶底黑汤尚匀；天尖叶底呈黄褐色，老嫩匀称。

（3）从茶汤和口感来看，优质的安化黑茶耐冲泡，茶汤有松烟香气，汤色黑中带亮。而劣质的安化黑茶则茶汤浑浊,有杂质,味道苦涩,有异味。

2.生沱茶

沱茶,俗称谷茶,是普洱茶的一种。生沱茶是形状呈碗臼形的紧压茶。沱茶的种类,依原料不同有绿茶沱茶和黑茶沱茶两种。我们所说的生沱茶指的是黑茶沱茶。

生沱茶是指只经过晒青、蒸压,制作而成的紧压茶。生沱茶分量较小,易于携带,以包装纸上彩印鲜亮、图文清晰的为真品,这种鉴别方式也是生沱茶的特殊之处。

茶叶鉴赏

(1)从茶叶的外形上来看,生沱茶外形端正,表面光滑,内窝深而圆。

(2)从叶底看,优质的生沱茶叶底肥壮鲜嫩,呈绿色至栗色;劣质的生沱茶则叶底粗老，颜色暗淡。

（3）从茶汤和口感来看，生沱茶以汤色橙黄明亮，香气馥郁，喉口回甘者为优品；以汤色混浊不清，有杂异气

生沱茶成品茶　　　生沱茶的干茶及叶底

味，滋味杂而平淡者为次品。

3.熟沱茶

熟沱茶是经高温蒸压而成的紧压茶，是沱茶中的一个重要种类。熟沱茶的颜色、汤色比生沱茶都更浓郁，且滋味更醇和，这主要是因为其制作过程中有渥堆发酵的工序。

熟沱茶的成品茶表面褐润洁净，其包装古典、精致。除了在国内拥有广阔的市场之外，近年来还远销至西欧、北美。

茶叶鉴赏

（1）从茶叶的外形上来看，熟沱茶以外形周正、质地紧结端正为优品。一般规格为外径8厘米，厚4.5厘米。外形不规则、条索松散者为劣质品。

（2）从叶底看，熟沱茶叶底呈褐红

色，重度发酵则会有些发黑，叶质肥厚完整。

（3）从茶汤和口感来看，熟沱茶汤色浓郁油润，滋味醇厚，经久耐泡，入口回甘。

熟沱茶成品茶

熟沱茶的干茶及叶底

第五章　茶叶的冲泡

饮茶文化历史悠久，传统茶艺多种多样，使饮茶、品茶变得有内涵、有雅韵。茶艺是饮茶技艺和品茶感悟的融合，品茶既是品味茶的悠远清香，又是感受茶艺的流韵典雅。

　　"开门七件事：柴、米、油、盐、酱、醋、茶。"在这充满人间烟火气息的七件事儿中，茶是唯一氤氲着"仙气儿"的一件事儿。带着闲情逸致品品茶，感悟感悟生活，那是多么享受啊！但如果冲泡茶叶的器具选择不适宜，那多好的茶叶也难以展现出它的全部优点。茶具不仅仅是简单的器皿，更是茶与品茶人的一个衔接。茶具在彰显个人品位和对外交流中也发挥着其独有的魅力，正所谓，"好水，好器，才能泡好茶"。

入门必备的茶具

对于一个初入门的茶友来说，必备的茶艺用具有烧水壶、茶壶、盖碗、公道杯、品茗杯、茶道六君子、茶叶罐、茶荷、茶巾、杯托、茶滤和茶盘等。泡茶是一门技术，更是一门艺术，在选择茶具的同时还需注意投茶量、水温和出汤时间等。茶具用完后要及时做好清洁工作，以备再次使用。

1.烧水壶

烧水壶不光用于烧水，还要扮演注水的角色。目前使用较多的烧水壶有不锈钢壶、玻璃壶和铁壶。一般大众会选用电热壶，不过需注意，电热壶加冷水时不宜过满，以免水烧开后外溢，

有漏电、短
路等危险。

2.茶壶

茶壶是
用来泡茶和
斟茶的带嘴
器皿，主要
用来泡茶。

随手泡烧水壶

茶壶由壶盖、壶身、壶底、圈足四部分
组成。壶盖有孔、钮、座、盖等细小部
分。壶身有口、沿儿(唇墙)、嘴、流、
腹、肩、把儿(柄、扳)等部分。按照

茶壶

壶的把儿、盖、
底、形的差别，
茶壶的基本形态
就有200余种。
泡茶时，茶壶大

小的选择可依饮茶人数而定。茶壶的质地很多，其中以紫砂陶壶和瓷器茶壶使用最多。

3.盖碗

盖碗是一种上有盖、中有碗、下有托的汉族茶具，在茶具中与茶壶具有同样的地位。盖碗又称"三才碗""三才杯"，盖为天、碗为人、托为地，暗合天地人之意，盖碗的主要材质为白瓷，也有陶制盖碗、玻璃盖碗等。

很多盖碗制作精良，瓷白细腻，釉面光洁，摆在茶桌上就是一件艺术品。盖碗泡

盖碗

茶，出汤利落，方便清洗。盖碗泡茶虽便捷，但不建议新茶友去尝试，因为盖碗泡茶很容易烫手。选盖碗时，要注意以下两点：（1）往盖碗内注水接近碗沿要立即停止，避免水加多了倒茶时溅到手上。（2）尽量选择碗沿稍宽一些的盖碗，散热好，利于汤水倒出。碗沿小，倒茶时，茶水容易顺碗沿反流烫手。

4.公道杯

公道杯也称"匀杯""公杯"。用茶壶泡茶，如果直接将茶水倒入每人的杯中，就会出现前面茶水淡，后面茶水浓的现象，而公道杯则可以均分茶汤。在使用时，可先把壶中茶全部倒入公道杯中，待茶汤均匀后再分给各位饮茶人，以确保每位饮茶人杯中茶汤口味相同。

公道杯的容积大小要与茶壶或盖碗相匹配，通常公道杯稍大于盖碗。为了保证茶汤滋味一致，避免茶在壶中泡久发苦，泡好的茶汤要及时倒入公道杯中。待客时，分茶要尽量均匀，不要厚此薄彼，否

公道杯

则，客人会感觉受到了轻视。"酒满敬人，茶满欺人"，倒茶七分即可。当客人的杯空了，需要及时续上。

5.品茗杯

品茗杯俗称茶杯，是用于品尝茶汤的杯子，还可以在品鉴时观赏汤色。常用的品茗杯

闻香杯

有白瓷杯、紫砂杯、玻璃杯等，其中小杯主要用来品饮乌龙茶等浓度较高的茶。这些茶杯通常是矮圆形，杯口较小，这不仅有助于保持茶汤的香气，还有助于小口喝水，从而更好地细品。大杯一般用于品饮绿茶、花茶和普洱茶等。

喝茶讲究公平均等，唯有在品茗杯上，主人

茶杯

可以使用不同于客人的茶杯。高端、霸气、独具特色的主人杯，不会引人不快，反而会让人对主人产生尊重之情，也是主人品位、情趣爱好的表现。在选择品茗杯时，应尽量选择内壁白色或颜色较浅者，以便观赏茶汤的色泽。

6.茶道六君子

在茶道中，必不可少的就是茶道组，也称茶道六君子。茶道六君子通常包含：茶夹（茶镊）、茶勺、茶斗（茶漏）、茶针、茶则、茶瓶。它们平时放在茶道瓶中，

茶道六君子

专心喝茶的你可能不会注意到，但是它们是茶艺中不可缺少的工具，比如茶漏，用盖碗或是茶壶泡茶都要用它来过滤茶渣；比如茶夹，夹闻香杯和茶盏都要用它；再比如茶针，它是用来疏通壶口的。茶道组在泡茶的过程中发挥着其独特的作用，可使茶道充满雅趣。用来存放组件的茶道瓶，材质多样，造型各异，花鸟鱼虫，蕴意多多，因此也让茶道组大大提高了观赏性。

7.茶叶罐

茶叶罐又称茶仓，是用于存放茶叶的器具，材质多样，常用的有紫砂、瓷、纸、

茶叶罐

玻璃、锡等。茶道爱好者应根据所存茶类选择不同材质的茶叶罐，如存放不需要转化的绿茶类要选择锡材质的茶叶罐（内壁挂锡纸的茶叶罐也可以）；存外形美观的花茶类可选择玻璃材质的茶叶罐；存放普洱茶等发酵类茶叶就应选择透气性好的紫砂、紫陶类茶叶罐，透气性对后发酵茶具有保护作用，还能防止茶叶自身产生异味。

8.茶荷

品茶除了感受茶带给我们的味觉、嗅觉的享受外，还有视觉的欣赏。欣赏干茶是茶道中重要的一部分。打开茶罐取茶的过程是不能用手直接触碰茶叶的，需要借用配器把茶叶送入壶中，而此配器就是茶荷。

常见的茶荷有白瓷茶荷和比较古

茶荷

朴的竹制茶荷。白瓷材质器型主要为一端半圆，一边尖。竹制茶荷为一节竹筒的一小半，打磨光滑。将茶叶装入茶荷后，可供人欣赏茶叶的色泽和形状，并据此选择适宜的冲泡方法及茶叶用量，之后再将茶叶倒入壶中。也有人会在茶荷中将茶叶略微压碎，以增加茶汤浓度。好的瓷质茶荷本身就是一件工艺品，在用茶荷盛放茶叶时，应注意以下几点：（1）取茶叶时，手不能与茶荷的缺口部位直接接触，以保持茶叶的清洁；（2）泡茶时，茶荷应摆放在茶盘旁边的茶桌上，不可直接摆放在茶盘上，以保持茶荷的干燥和洁净。

9.茶巾

茶巾主要用来擦拭茶具表面及底部的茶渍、水渍。在泡茶及出汤后，即可用茶巾轻轻擦拭壶底、杯底、公道杯底等，以防止从茶盘上带起的水落入茶杯中，从而保持茶汤纯净，保证愉快的饮茶体验。选取茶巾时，要选择吸水性强，不会掉落绒毛，质地为针织全棉的茶巾，并保持其干燥、洁净，以使其能够吸附掉茶具上残留的水分。此外，茶巾的颜色最好不要太鲜艳，以免放在茶台上喧宾夺主。总之，好的

茶巾

茶巾就是要给客人留下洁净之感。

　　10.杯托

　　杯托是用来衬垫茶杯的碟子，不仅可以防止桌面烫坏，还可以搭配桌布，使茶托、茶杯相得益彰。

　　当滚烫的茶汤分入茶杯时，汤水

杯托

杯托

的温度仍然很高,有了杯托的隔离,就不容易烫手了。另外,主人在待客过程中,不宜用手直接去触碰茶杯,用杯托给客人奉茶,会显得更卫生、更有诚意。

茶托的选择,首先要看个人的喜好,其次要注意与其他茶具的搭配。紫砂的茶杯最好搭配紫砂的茶托;瓷质茶杯尽量搭配瓷杯托;木质、金属杯托比较没有局限性,可以配任何质地的茶杯。另外,杯托的形状要和茶杯相配,比如闻香杯和品茗杯要选择长方形的杯托;如果只有一个品茗杯,那就选择单杯圆形或方形的杯托。

11.茶滤

茶滤,就是我们在将茶汤倒进公道杯的时候用来过滤茶叶末的过滤网。茶滤的作用是让茶汤更加清澈，以便更好地观察汤色、提升口感。

不同材质的茶滤会对茶汤产生不同的影响，比如，竹质的茶滤，特别是新的竹质茶滤，可能会使茶汤带有竹子的味道；金属材质的茶滤，用久了可能会有铁锈味。选择茶滤，最好选用瓷质的，没有异味，具有观赏性，还可提升茶具整体的美感。

一般大叶种茶，不宜使用茶滤。饮用饼茶或者砖茶时，如果茶没有撬好，就会很散碎，这个时候茶滤就派上用场了。

茶滤

12.茶盘

茶盘又名茶船，是用来放置茶壶、茶杯、茶道组、茶宠，乃至茶食的浅底器皿。它材质多样，形状不一，可大可小，形状可方可圆，可以是夹层的也可以是单层的。茶盘夹层多用来装废水，单层的往往以一根塑料管与废水桶相接，用以排出盘面废水。茶盘用料广泛，金属、木、竹、陶、石、电木皆可。竹制茶盘最为清雅，但耐用性要差一些；金属、电木茶盘最为简便耐用，若非外力恶意破坏，可长久使用。

以上几种

茶盘

为入门必备的茶具,掌握这些基础茶具的使用方法,就算再碰见更为新奇的茶具,使用方法也是万变不离其宗的。

茶盘

第六章　好水配好茶

俗话说，"水为茶之母"，茶借水而发，无水不可论茶。茶的色色、茶香、茶味都需要通过水来体现。可以说，水是茶的载体，水承载了茶文化的底蕴。所以，若要想泡好一杯茶，水的选择至关重要。

水温的控制

很多人都有这样的体验：买回家的茶叶泡起来，就是不如在茶叶店里品尝的味道好。这当中除了泡茶的技巧之外，就是水温的掌控了。每一种茶叶，冲泡的水温都有不同，不对的水温泡出的茶，破坏了茶性，口感就会大打折扣。所以在冲泡茶叶时，控制水温是关键。

前人总结出的六大茶叶冲泡水温口诀非常实用，在此分享给大家：

八十五度泡绿茶，

红茶沸水香气佳。

乌龙不怕开水烫，

黑茶越煮越欢畅。

黄茶近于绿茶仿，

白茶堪比黑茶样。

1.八十五度泡绿茶

绿茶属于不发酵茶，适宜用80℃~85℃的水冲泡，比较常见的绿茶品种有西湖龙井、碧螺春等。绿茶比较细嫩，不适合用刚煮沸的水冲泡，80℃~85℃的水最为适宜，茶与水的比例以1∶50为佳，冲泡时间为2~3分钟，最好现饮现泡。如果冲泡温度过高或时间过久，茶叶中多酚类物质就会被破坏，不但茶汤

65℃左右

75℃左右

85℃左右

95℃左右

通过蒸汽判断水温

会变黄，其中的芳香物质也会挥发散失。冲泡绿茶最好用瓷杯，冲泡时先用1/4水把茶叶润一润，过20秒或半分钟再冲水饮用，泡绿茶一般不盖盖子，否则茶汤会发黄。

2.红茶沸水香气佳

冲泡红茶，应先用热水烫杯，再用沸水冲泡。红茶是全发酵茶，常见的有高档工夫红条茶和红碎茶。与绿茶不同的是，高水温浸泡能够促进红茶中的有益成分溶出，因而泡红茶最好用刚煮沸的水。冲泡红茶用水量与绿茶相当，冲泡时间以3~5分钟为佳，高档工夫红条茶可冲泡3~4次，红碎茶则可冲泡1~2次。红茶可以用玻璃杯冲泡，这样能欣赏到茶叶在水中翻滚舒展的姿态。冲泡时，宜先在杯中倒入大约1/10的热水烫杯，再投入3~5克茶叶，然后再沿玻璃杯壁注水，进行冲泡。泡红茶要盖上盖子，这样茶香会更浓郁。

3.乌龙不怕开水烫

乌龙茶是半发酵茶,常见品种有铁观音、大红袍等。泡乌龙茶时边上要有个煮水壶,水开了马上冲,第一泡为洗茶水,不能喝,但可以把所有的茶杯润一下,之后再在茶壶中倒入开水冲泡饮用。乌龙茶可冲泡多次,品质好的可冲泡7~8次,每次冲泡的时间逐步增长,以2~5分钟为宜。泡乌龙茶最好用紫砂壶,并且一定要用100℃的沸水,乌龙茶的投叶量比较大,基本上是所用壶或盖碗容量的一半或更多,泡后加盖。

4.黑茶越煮越欢畅

黑茶一般须用专业的茶具来冲泡,紫砂壶、盖碗杯都可以,投放量一般是绿茶的2倍。冲泡时，应先洗茶，再沸水冲泡，老茶煮着喝味道更好。黑茶是后发酵茶，在储存中随着时间的推移，仍然可以进行自然的陈化，在一定时间内，还有越陈越香的特点。黑茶冲泡时也要用100℃的沸水。冲泡黑茶，第一泡之前要用10~20秒钟快速洗茶，即先把茶叶放入杯中，倒入开水，过一会儿把水倒掉，再倒入开水，盖上杯盖。这样既滤去了茶叶的杂质，泡出的茶汤也更香醇。后续冲泡时间以2~3分钟为宜。

5.黄茶近于绿茶仿，白茶堪比黑茶样

　　冲泡黄茶和白茶的方法可以参照绿茶，冲泡老白茶的方法可以参照黑茶。依法泡茶，做法正确才能喝到茶的精华。

　　需要提醒大家的是，为了保持茶叶的芳香，泡茶最好选用金属离子含量低的"软水"，如纯净水或高品质的矿泉水。用适合的水，适宜的水温，泡出的茶才能充分发挥其特色与香气。

65℃左右

75℃左右

85℃左右

95℃左右

通过气泡判断水温

第七章　泡好一杯茶

中国人向来讲究以茶待客、以茶会友，这种习俗礼仪流传下来，便形成了中国独特的茶文化。汉族人喝茶追求茶的原味，喜欢清饮绿茶、乌龙茶、普洱茶、花茶等；少数民族则偏爱调饮，代表性的有藏族的酥油茶、蒙古族的咸奶茶、壮族的咸油茶等。

第一节　生活中的泡茶过程

饮茶在中国已经有几千年的历史。茶已经成为我们生活中最常见的饮品，无论是解渴怡情，还是招待客人，茶都会给我们的生活增添乐趣。泡茶饮茶对于爱茶之人，别有一番趣味。下面将介绍一下生活中泡茶的过程：

1.清洁茶具

清洁茶具不是光用水冲洗干净那么简单。茶具的清洁度会直接影响到泡茶的效果。泡茶前首先要将所有茶具都用沸水烫洗一遍，这样可以起到清洁杀菌等作用。温壶是将沸水注满茶壶，让整个茶壶受热均匀，受过热的

茶壶，在泡茶的过程中不会影响到水温，还能让茶性不外泄。

2.置茶

置茶时我们需要注意所取茶叶的用量和所使用的冲泡器具。茶叶用量一般是按照饮茶人数来决定的，有时也需考虑到个人的口味喜好，喜浓茶就多取，喜淡茶就少取。泡茶一般会选择茶杯与茶壶两种器具。使用茶杯时，我们可以按照一茶杯一匙茶叶的标准；

置茶

使用茶壶时，可以用茶匙将茶叶拨入茶壶中，以保持茶叶的完整和洁净。

3.注水

泡茶前一定要注意所泡茶叶的品种，不同种类的茶叶适用的水温也不相同。注水到茶壶中，要等到茶水中的泡沫从壶口溢出后再停止。

注水

4.倒茶汤

泡好的茶汤倒入公道杯前，应将

茶汤表面的泡沫用壶盖刮去，以使茶汤更加均匀。

5.分茶

这是指将公道杯中的茶汤倒入茶杯中。注意不能将茶汤倒得太满，以七分满为最佳。

6.敬茶

倒好的茶，主人要一手执杯身一手托杯底，将茶奉给宾客品尝。如果是自饮，这个步骤可以省略。

7.清理

清理工作包括清理茶渣和清理茶具两部分。品茶过后，我们可以用茶匙将壶中残留的茶渣清理出去。清理茶具一定要用清水冲洗，避免茶汤残留在茶具上形成茶垢，茶垢不仅影响茶具的保养和美观，还影响人的身体健康。

饮茶可以修身养性，可以陶冶情操。掌握了以上冲泡茶水的步骤和技巧，就可以约上三五好友，泡上一壶茶，尽享难得的休闲时光了。

第二节　泡茶过程中的待客礼仪

以茶待客是中华民族的传统礼仪。无论是生活中招待亲友，还是在工作中招待访客，我们都需要掌握泡茶

的方法及礼仪。

泡茶的过程中我们不能敷衍了事，动作要认真，不急不躁，让客人以平和的心情去喝茶。在泡茶的过程中要注意以下几点：

1.泡茶的茶具

待客的茶具不一定要非常精致华贵，但是要尽量使用配置齐全的成套茶具。泡茶时，要根据客人的人数选择适宜的茶具：人数少的时候可以使用茶杯；人数达到五人以上的时候，最好使用泡茶器泡茶。

2.选取茶叶

在选取茶叶和确定用量的时候，我们可以询问客人的喜好和口味，根据客人的口味特点以及人数，确定茶叶的品种以及用量。有的客人喜欢喝浓茶，有的客人喜欢喝淡茶，千万不要只按照客人的人数确定茶叶的用量。

3.泡茶、奉茶时的注意事项

茶文化在中国源远流长，泡茶饮茶的过程中，有些饮茶的暗示一定要了解，有些基本的礼仪一定要遵守。比如，放置茶壶，壶嘴对人，是暗示对方赶快离开，如果招待客人的时候，不小心做了这样的事，就容易引起对方的误解；斟茶的时候，只可斟七分满，暗

寓"七分茶三分情",如果斟满,也有赶人走的暗示。泡茶的时候需要保持桌面的洁净,进行回旋注水、斟茶、温杯、烫壶等动作时,右手要按照逆时针的方向、左手要按照顺时针的方向动作,这类似于打招呼的手势,寓意"来来来"表示欢迎,要是方向弄错了,就变成暗示"去去去"了。要用托盘将茶端上来,不要用手直接碰触,这样表达了对客人的尊敬。

客人来访,奉上一杯热气腾腾的香茶,捧在手心的温度、唇齿间的回甘,无不表达着我们待客的热情。

第八章　品茶四方面

喝茶是一个看其形、观其色、闻其香、品其味的过程，我们在这个过程中享受着茶叶千变万化的香气和滋味，感受着内心深处的愉悦。我们可通过四个方面，来判断茶的优劣，即：茶叶的色泽、茶叶的香气、茶叶的滋味和茶叶的韵味。从这四个方面，我们可以感受茶的芳香，茶艺的美感，感悟人生，净化心灵。

1.茶叶的色泽

红茶、绿茶、青茶、白茶、黄茶、黑茶这六大茶类是按照制作工艺区分的，不是按颜色区分的，茶叶的色泽分为外观色泽、汤色两层，外观色泽较深的茶叶有红茶、黑茶、老白茶、普洱茶等；汤色较深的茶叶有普洱熟茶、黑茶、老白茶等。颜色深，一是因为茶叶内质丰厚，饱满充足，二是因为茶叶发酵程度高，后期陈化良好。观察茶叶的色泽，包括以下三个方面：干茶色泽、茶汤色泽、叶底色泽。

（1）干茶色泽：茶叶的色泽主要分为红、黄、青、白、黑、绿六种，其中绿茶多以嫩绿、翠绿、黄绿为主；红茶多为黑褐、棕红、红亮等；黄茶一般为

干茶：广东大叶青　西湖龙井
　　　茉莉银针　　茉莉龙珠

微黄、金黄、黄绿等；青茶为砂绿、青褐等；白茶为银灰、灰绿等；黑茶为黑褐。茶叶外观光泽均匀的，说明鲜叶细嫩，制工好；光泽不匀，暗淡无光，说明鲜叶老嫩不匀，或者是制作时"杀青"不匀；无光泽又暗枯的，则说明鲜叶粗老，或者是制工不好。

（2）茶汤色泽：指的是茶叶冲泡之后茶汤的颜色、明亮度。茶汤的色泽以鲜、清、明、净为上品。茶汤色泽如果浊暗、浅薄，则说明茶叶品质较差。汤色的深度、浑浊度与味道息息相关。一般色深味则浓，色浅味则淡。鲜叶品质的好坏、制法的精粗和贮藏是否妥当，都会影响茶汤汤色的深浅、清浊、鲜陈、明暗。茶汤冲泡后，以在短时间内汤色不变者为上品。

（3）叶底色泽：一款茶的采摘、加工、存储合理与否，都会在叶底中显露无遗。看叶底，主要从嫩度、色泽、匀度、舒展度等几个方面查验。

嫩度：茶叶在泡开后，会还原成原有的样子，拿起几片茶叶平摊开，能看出原叶采摘级别是单芽，还是一芽一叶等。通过叶底还容易分辨茶叶芽头和嫩叶的含量，叶肉厚软的为最佳，代表嫩度最好；柔软但薄的一般，多为台地茶原料；又硬又薄的最差。

色泽：好的茶叶会呈现一种鲜活、润

白牡丹叶底

泽、饱满、富有生命力的形态。

匀度：看一款茶的老嫩、大小、厚薄、整碎是否统一。匀度差，说明采茶做茶不够规范，或者是经过了拼配。

舒展度：工艺过关的茶，在经过冲泡之后，叶片会自然舒展开来，恢复到原有的形状。冲泡之后叶底完全摊开或者紧缩泡不开，都是工艺存在缺陷的表现。

此外，茶渣凉了之后，散发的"冷香"也是辨别一款茶的好坏的重要指标。

2.茶叶的香气

茶树品种、叶子的老嫩、采摘的季节、种植的区域，以及农业种植技术等，造就了不同茶叶的不同香型，茶中的香气取决于其中所含的芳香物质。

品茶前应先闻其香，感受茶叶的香气是否纯正，闻香时应重复一两次，每次嗅的时间不宜太久，保持在5秒以内，避免嗅觉钝化。一般来说，可通过热嗅、温嗅、冷嗅相结合的方式来综合了解一款茶叶的香气。

热嗅：在75℃左右时，感受茶香的纯正度，辨别茶是否有异味、杂味。

热嗅

温嗅：在45℃左右时，感受茶品香气的浓淡，比如蜜香、花香、果香和陈香等等。

冷嗅：在室温状态下，感受茶品香

泡茶 鉴茶 饮茶

气的持久
程度。一般
来说，香气
持久的茶，
品质都不
会差。

冷嗅

在嗅香
气时需要
注意避免
外界因素
的影响，烟
味、香水、
护手霜、香
皂等产生

干嗅

的味道，都会影响对茶香的品鉴。另
外，茶杯的器型，杯胎的厚度、质地，也
会导致茶汤进入杯子后热流失不同。

当我们把一壶茶倒入两个不同类型的茶杯后，由于两杯茶汤的温度不一样，我们感知到的汤感会不一样，闻到的香气也会不一样。

选择有好香气的茶叶没有错，但我们不必一味地追求茶香的纯正。有些茶，虽然鲜叶质量不高，但通过特殊工艺也可以做到香气迷人，可茶汤的质量却很难保证。所以品茶才是判断茶品质的重要途径。茶香可以当作选择茶叶的参考因素，但不能作为判断茶叶品质的唯一标准。

3.茶叶的滋味

品茶对刚接触茶叶的人来说，较为抽象。很多时候，自己品尝得不透彻，就会跟着别人的感觉走，而往往忽略了自己的真实感受。初入门者，往往

品茶

分辨不出茶中的细微差别，喝起来好像感觉都差不多。

茶叶中含有多种物质，能够产生酸、甜、苦、鲜、涩等各种味道。茶叶中的鲜味源自氨基酸类物质，苦味源自咖啡碱类物质，涩味源自多酚类物质，甜味源自可溶性糖，酸味为多种有机酸物质。所以我们品茶时，要有所侧重，品绿茶的鲜爽，品红茶的甘甜，品乌龙茶的醇厚。

想要明确辨别各种茶的滋味，就要多喝茶，把喝茶的感受记录下来，和别人一同品鉴，这样才能逐步提升品茶的水平。下面介绍一下茶的几种代表滋味：

（1）浓烈型

浓烈型茶叶的原料，一般采用嫩度较好的一芽二叶和一芽三叶，芽肥壮，叶肥厚，内含的滋味物质丰富，经过合理加工，品味时，起初有苦涩感，之后滋味渐浓，苦味平缓，富有收敛性而不涩，回味长而爽口并伴有甜感，似吃新鲜橄榄。属此味型的茶有安徽屯溪绿茶、江西婺源的婺绿等。

（2）浓强型

浓强型茶叶采用嫩度较好，内含滋味物质丰富的鲜叶或良种大叶种鲜叶为原料。红茶制法，萎凋适度偏轻，揉捻充分。所谓"浓"是因为茶汤浸出物丰富，当茶汤入口时，感觉味浓黏滞舌头；"强"是指刺激性大，茶汤初入口时有黏滞感，其后有较强的刺激性。发酵程度偏轻的红碎茶滋味属此类型。

（3）浓醇型

浓醇型茶叶的原料鲜叶嫩度较好，制造得法，茶汤入口会感到内含滋味丰富，刺激性和收敛性较强，回味甜或甘爽。属此味型的茶有优质工夫红茶、毛尖、毛峰及部分青茶等。

（4）浓厚型

浓厚型茶叶的原料鲜叶嫩度较好，叶片厚实，制法合理，茶汤入口时感到内含物丰富，有一定的稠度，并有较强的刺激性和收敛性，回味甘爽。属此味型的茶有舒绿、遂绿、石亭绿、凌云白毫、滇红、武夷岩茶等。

（5）醇厚型

醇厚型茶叶的原料鲜叶质地好、较嫩，制工正常的绿茶、红茶、青茶均属此味型。所谓醇厚指的是茶特有的滋味和浓郁香气，即微带瞬间苦涩味而偏重甘醇味的难以言状的综合性滋味。这是一种比较优良的茶叶滋味，醇厚是发酵茶以及部分老茶的特色，茶汤的厚度也比较高，属此味型的茶有庐山云雾、水仙、乌龙、铁观音、川红、祁红及部分闽红等。

（6）陈醇型

陈醇型茶的香味是经过后发酵，产生的一种有别于其他茶类的香气。在存放过程中，逐渐呈现出的陈醇香会越来越浓郁。很多普洱茶爱好者所推崇的"越陈越香"及"陈韵"，主要指的就是这类香型。属此味型的代表有云南普洱熟茶、广西六堡茶、湖南安化黑茶等。

（7）鲜醇型

鲜醇型茶叶的原料鲜叶较嫩、新鲜，加工及时，采用绿茶、红茶或白茶制法，味鲜而醇，回味鲜甜爽口。属此味型的茶有太平猴魁、顾渚紫笋、高级烘青绿茶、大白茶、小白茶、高级祁红、宜红等。

(8) 鲜浓型

鲜浓型茶叶的鲜指的是如吃新鲜水果的感觉，这种类型味鲜而浓，回味爽口，鲜叶嫩度高、叶厚、芽壮、新鲜、水浸出物含量较高，制造及时合理。属此味型的茶有黄山毛峰、茗眉等。

(9) 清鲜型

清鲜型茶叶的原料鲜叶为一芽一叶，采用红茶或绿茶制法，加工及时合理，有清香味及鲜爽感。属此味型的茶有蒙顶甘露、碧螺春、雨花茶、都匀毛尖、白琳工夫及各种银针茶。

(10) 甜醇型

甜醇型茶叶的原料鲜叶嫩而新鲜，制工讲究合理，味感甜醇。属此味型的茶有安化松针、恩施玉露、白茶及小叶种工夫红茶。

(11) 鲜淡型

鲜淡型茶叶的原料鲜叶嫩而新鲜，鲜叶中多酚类、儿茶素和水浸出物的含量均少，氨基酸含量稍高，茶汤入口鲜嫩舒服、味较淡。属此味型的茶有君山银针、蒙顶黄芽等。

(12) 醇爽型

醇爽型茶叶的原料鲜叶嫩度好，加工及时合理，滋味不浓不淡，不苦不涩，回味爽口。属此味型的茶叶有黄茶类的黄芽茶及中上级工夫红茶等。

（13）醇和型

醇和型茶滋味不苦涩而有厚感，回味平和较弱。属此味型的茶有黑茶类的湘尖、六堡茶及中级工夫红茶等。

（14）平和型

平和型茶叶的原料鲜叶较老，整个芽叶约一半以上已老化。属此味型的茶很多，有红茶类、绿茶类、青茶类、黄茶类的中下档茶及黑茶类的中档茶。属此味型的各类茶除具有平和、有甜感及不苦不涩的滋味外，还具有其他品质特点，如红茶伴有红汤、香低、叶底花红的特点；绿茶伴有黄绿色或橙黄色汤色，叶底色黄绿稍花杂的特点；青茶有橙黄或橙红色汤色，叶底色花杂的特点；黄茶伴有深黄汤色，叶底色较黄暗的特点；黑茶伴有松烟香等特点。

4.茶叶的韵味

常听到品茶人讲茶叶的韵味,到底什么是韵味?茶叶的韵味从宏观上来讲就是指品茶的感受,不同的茶品起来有不同的感受。对于茶叶的韵味,我们要亲自去体会,要仔细去研究,要多喝多试,慢慢掌握其中的门道。

我们在品饮中通常会感受到:喉部的清凉感、舒适感及滋润感,这就是常说的喉韵;在口腔内留存的香气,于一呼一吸间,弥漫四溢,即通常所说的返香;品饮后留存在口腔中的甜感,它并不是茶汤滋味上的甜,而是一种甜的感觉,通常称之为回甘;饮后的那种略显收敛的分泌唾液的感觉——冒口水,即"生津"。

　　茶韵的内涵更多的是指"回韵"，即茶汤品饮后留存在口腔及喉部的一种美好感受，这种感觉有强弱及持久性的分别。茶叶的品质越好，所带来的韵味感就会越强，能感觉到的时间就会越久；反之，茶叶的品质越低，韵味就越不明显，留存的时间就会越短。

　　不同种类的茶都有其独特的韵味，比如，西湖龙井有"雅韵"，黄山毛峰有"冷韵"，铁观音有"音韵"，岩茶有"岩韵"，普洱茶有"陈韵"，等等。下面将分别介绍各类茶的韵味，以供大家在品味各类茶的独特韵味时，作为参考。

　　（1）雅韵

　　西湖龙井，以色、香、味、形著称。其地域特征、品种特征、工艺特征都弥漫在茶香中，渗透在茶汤里，交替隐现，构成了"美好而有动感"的西湖龙井特有的"雅韵"。西湖龙井外形扁平挺秀，色泽绿翠，内质清香味醇，泡在杯中，芽叶色绿，好比出水芙蓉，素以"色绿、香郁、味甘、形美"四绝著称。

（2）冷韵

所谓的"轻香冷韵状元茗"说的就是黄山毛峰。明代的许楚在《黄山游记》中记载："莲花庵旁，就石隙养茶，多清香，冷韵袭人齿腭，谓之黄山云雾。"黄山云雾即为黄山毛峰的前身。

冲泡黄山毛峰时，初注入少量水，茶叶回旋轻摇数下，一股清幽雅香瞬间凝成茶雾，继续注水，宜浅不宜深，一朵朵如花似玉般的茶芽簇拥在一起，浮于水面之上。由于冲泡时间短，褶皱着的茶叶尚未舒展，轻泛绿，浅含黄，惹人怜惜。随着冲泡时间的推移，阵阵嫩香逐渐弥散，吹开茶叶轻抿一口，仿佛能体味到黄山特有的清甘润爽。

（3）幽韵

午子绿茶的外形紧细如蚁，锋毫内敛，色泽秀润，干茶嗅起来有一股特殊的幽香，冲泡后，会有幽香袭人鼻翼，如兰似蕙，茶汤色清澈绿亮，即使贮放到第二天，茶汤依然绿亮，堪称奇绝。细啜一盏后凝神屏息，细细体味那一缕幽幽渺渺的茶息，余味浑厚，回甘持久，也只能用一个"幽"字来形容了。

（4）音韵

"音韵"即铁观音的观音韵，乃是用来表达铁观音特殊的香气和滋味的。

铁观音的香气犹如空谷幽兰,清高隽永;冲泡之后,其汤色金黄浓艳似琥珀,醇厚甜鲜,饮时甘滑,余味回甘,七泡仍有余香。这种蜜底甜香,回味无穷的"音韵",来自铁观音本身的遗传性,为铁观音独有,更是优质铁观音的典型特征。观音韵赋予了铁观音浓郁的神秘色彩,也正因为如此,铁观音才被形容为"美如观音,重如铁"。

(5)岩韵

所谓岩韵,即"岩骨花香",指的是香气馥郁,具幽兰之胜,锐则浓长,清则幽远,滋味浓而愈醇,鲜滑回甘的一种感觉。简而言之,岩韵,即俗称"岩石味",是一种醇而厚的味感,能长留口腔,且回味持久。岩韵是武夷岩茶独特的品质特征,同时也是武夷岩茶品质的代名词。另外，茶底醇厚，无明显苦涩感，啜之有骨，持久不变，也是评鉴岩韵的标准。

（6）陈韵

陈韵是茶叶经过陈化后，所产生出来的韵味，是一种品饮过程中茶汤给人的整体感受，也是普洱茶独特的茶韵特征。

普洱茶和美酒一样，都必须要有一段漫长的陈化过程，所以在普洱茶行业里流传着"爷爷做茶孙子卖"的说法。这不仅说明普洱茶陈化的年限较长，而且能体现出普洱茶作为饮品的特殊性。优质的普洱茶，热嗅陈香显著，"气感"较强；冷嗅陈香悠长，是一种干爽的味道。把陈年普洱冲泡几次之后，其独特的香醇味道会自然散发出来，细品一番，你会慢慢领略到普洱茶的独特陈韵。

从古至今，人们对茶有着浓烈的喜爱，从冲泡到闻香，再到品味，饮茶是一件充满韵味的事儿。坐在古朴的案前，凝视着古色古香的茶具，播放一段古典旋律，悠悠泡上一壶茶，轻呷一口，慢慢咂摸出人生滋味。初入口，唇齿微涩，慢慢舌根回旋起绵柔甘醇，人生百味尽在这一盏之中，这就是无法言说的饮茶之趣啊。